现代学徒制试点创新成果系列教材

C 语言程序设计实用教程

主　编　张叶茂　刘红艳　陈新菡
副主编　潘　宇　莫名韶　秦培良　兰如波

中国建材工业出版社

图书在版编目（CIP）数据

C语言程序设计实用教程/张叶茂，刘红艳，陈新菡主编．--北京：中国建材工业出版社，2023.7
现代学徒制试点创新成果系列教材
ISBN 978-7-5160-3374-6

Ⅰ.①C… Ⅱ.①张… ②刘… ③陈… Ⅲ.①C语言－程序设计－教材 Ⅳ.①TP312

中国版本图书馆CIP数据核字（2021）第240661号

内容提要

本书突出职业教育特点，以应用能力为本位，以程序设计为主线，通过重点讲解程序设计的思路和分析项目实例，培养学生编程思维和综合应用能力。全书共15章，内容包括：C语言概述、数据类型、位运算的运用、九条语句、函数、数组、指针、结构体、共用体、枚举型、链表、文件、项目分析、程序编程规范及优化、嵌入式C语言编程常见错误和程序调试等内容。每个知识点都配有程序实例，每个章节精选了与本书内容对应的全国计算机等级考试中C语言部分的重难点讲解与真题解析，将国家认证的学习要求融于课程中，达到加强专业实践能力以及获取认证能力的双重效果。

本书可作为高职高专院校和应用型本科院校计算机、电子技术、自动化技术、仪器仪表等专业的基础教材，也可作为嵌入式开发初学者、计算机编程爱好者的培训教材。

C语言程序设计实用教程
C YUYAN CHENGXU SHEJI SHIYONG JIAOCHENG
主　编　张叶茂　刘红艳　陈新菡
副主编　潘　宇　莫名韶　秦培良　兰如波

出版发行：中国建材工业出版社
地　　址：北京市海淀区三里河路11号
邮　　编：100831
经　　销：全国各地新华书店
印　　刷：北京雁林吉兆印刷有限公司
开　　本：787mm×1092mm　1/16
印　　张：14.25
字　　数：340千字
版　　次：2023年7月第1版
印　　次：2023年7月第1次
定　　价：49.80元

本社网址：www.jccbs.com，微信公众号：zgjcgycbs

前　言

C语言是程序设计中最活跃的高级语言之一，具有绘图能力强、可移植性、超强的数据处理能力等特点，不仅适用于系统软件设计，也适用于应用程序设计。C语言适合于DOS、Windows、Linux等多种操作系统，对于操作系统以及需要对硬件进行操作的场合，使用C语言明显优于使用其他解释型高级语言。可以说，C语言是程序开发人员必须掌握的程序设计语言，也是国内外高校广泛学习和普遍使用的一种重要的计算机语言。

为适应IT行业的发展和课程改革的需要，相关高校的老师与企业工程师深入合作，基于软件开发流程和行业使用技术编写了本书。本书作为高职高专学生学习计算机编程的入门教材，着重讲述了C语言程序设计的基础知识、基本算法和应用编程思想，其目的在于使学生在学习C语言程序设计之后，能结合项目的实际需求进行系统软件的开发和应用程序的设计。

根据党的二十大报告提出的人才强国发展战略和国家倡导的“产教融合、校企合作”战略方针，南宁职业技术学院与深圳信盈达科技有限公司有效推进现代学徒制校企“双主体”育人工作，落实专业与产业发展相匹配、教材内容与工作手册相一致、生产流程与育人过程相匹配的现代学徒制。本书由现代学徒制试点院校老师及合作企业工程师共同编写完成。南宁职业学院张叶茂、刘红艳、陈新菡任主编，南宁职业技术学院潘宇、莫名韶，深圳信盈达科技有限公司秦培良，广西电力职业技术学院兰如波任副主编。桂林理工大学南宁分校朱敦忠、广西电力职业技术学院梁东、深圳信盈达科技有限公司陈醒醒、广西制造工程职业技术学院王泽国也参与了本书的部分编写工作，在此一并表示感谢。

由于编者水平有限，加之时间仓促，本书的疏漏和不足之处在所难免，敬请有关专家和广大读者不吝指正。

编　者

2023年1月

目录

1 C 语言概述

1.1 案例引入——商品管理系统界面设计

1.1.1 任务描述

（1）安装 C 编译器（如 Mcrosoft Visual C++，Microsoft Visual Studio，DEV C++，Borland C++，WaTCom C++，Borland C++ Buider 等），了解所安装编译器的特点以及使用方法。

（2）使用编译器编写、编译和执行简单的 C 程序。

（3）设计商品管理系统界面。

1.1.2 任务目标

（1）掌握 C 程序的结构。

（2）掌握用编译器进行 C 程序的编写、编译和运行方法。

（3）能够根据编译器的提示进行错误的排查及纠正，提高独立学习能力。

1.1.3 源代码展示

```
#include<stdio.h>
#include<stdlib.h>
#include<string.h>

void menu()/*主菜单*/
{
    system("cls");
    printf("\n\n\n\n\n");
    printf("\t\t|----------------------商品管理系统-------------|\n");
    printf("\t\t|\t 0. 退出                                        |\n");
    printf("\t\t|\t 1. 录入记录                                    |\n");
    printf("\t\t|\t 2. 查找记录                                    |\n");
    printf("\t\t|\t 3. 删除记录                                    |\n");
    printf("\t\t|\t 4. 修改记录                                    |\n");
    printf("\t\t|\t 5. 插入记录                                    |\n");
```

```
    printf("\t\t|\t 6. 排序记录                                          |\n");
    printf("\t\t|\t 7. 统计记录                                          |\n");
    printf("\t\t|—————————————————————————————————— |\n");
    printf("\t\t\t 选择(0—7):");
}

void main()/ * 主函数 * /
{
    int n;
    menu();
    while(1)
    {

    }
}
```

1.1.4 运行结果

商品管理系统程序的运行结果，如图 1-1 所示。

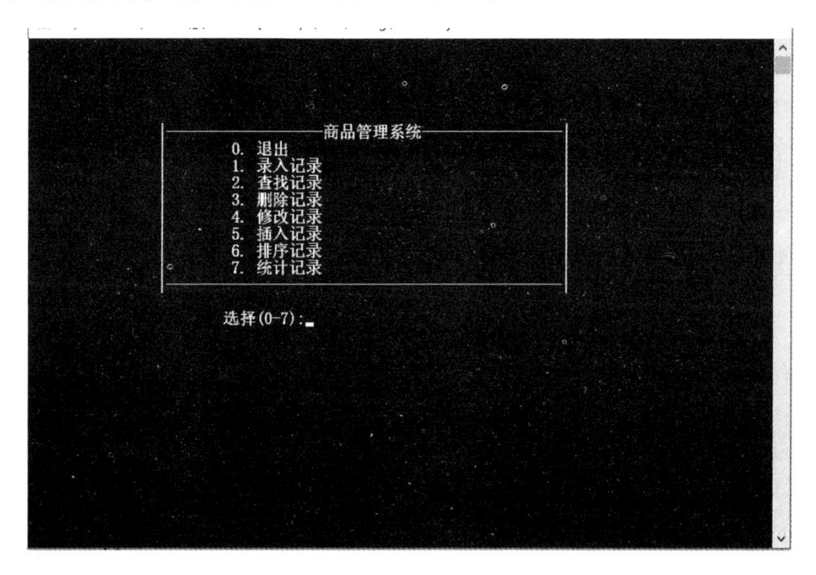

图 1-1 商品管理系统界面

1.1.5 程序分析

本程序由主函数 main 和 menu 函数构成，menu 函数是商品管理系统的主菜单，由主函数调用实现显示商品管理系统的主界面。

1.1.6 知识讲解

C 语言是一门面向过程的、抽象化的通用程序设计语言，广泛应用于底层开发。它能以简易的方式编译、处理低级存储器。当前，在编程领域中，C 语言的应用非常广，它兼顾了高级语言和汇编语言的优点，相较于其他编程语言具有较大的优势。尽管 C 语言提供了许多低级处理的功能，但仍然保持着跨平台的特性，以一个标准规格写出的 C 语言程序可在包括类似嵌入式处理器以及超级计算机等许多计算机平台上进行编译。

1.2　C 语言简介

嵌入式 C 语言在生活中的应用越来越广泛，产品种类也越来越多。由于嵌入式 C 语言可读性强、移植性好，与汇编语言相比，大大减轻了软件工程师的劳动强度，因而越来越多的嵌入式工程师开始使用嵌入式 C 语言编程。

1.2.1　计算机语言概述

计算机语言种类非常繁多，总的来说可以分为机器语言、汇编语言和高级语言三大类。

1. 机器语言

机器语言是指一台计算机全部的指令集合。电子计算机所使用的是由 0 和 1 组成的二进制数，二进制是计算机语言的基础。在计算机刚诞生之际，人们只能用一串串由 0 和 1 组成的指令序列控制计算机运行。这种计算机能够认识的语言就是机器语言。使用机器语言在程序有错需要修改时程序员是非常痛苦的。

2. 汇编语言

为了减轻使用机器语言编程的痛苦，人们进行了一种有益的改进：用一些简洁的英文字母、符号串来替代一个特定的指令的二进制串。比如，用“ADD”代表加法，“MOV”代表数据传递等，这样一来，人们很容易读懂并理解程序在干什么，纠错及维护都变得方便了，这种程序设计语言就被称为汇编语言，即第二代计算机语言。然而计算机是不认识这些符号的，这就需要一个专门的程序，专门负责将这些符号翻译成二进制数的机器语言，这种翻译程序被称为汇编程序。

汇编语言同样十分依赖于机器硬件，其移植性不好，但效率仍十分高，针对计算机特定硬件而编制的汇编语言程序，能准确发挥计算机硬件的功能和特长，程序精炼而质量高，所以至今仍是一种常用而强有力的软件开发工具。

汇编程序的每一句指令只能对应实际操作过程中的一个很细微的动作。例如，移动、自增，因此汇编源程序一般比较冗长、复杂、容易出错，而且使用汇编语言编程需要有更多的计算机专业知识，但汇编语言的优点也是显而易见的，用汇编语言所能完成的操作不是一般高级语言所能实现的，而且源程序经汇编生成的可执行文件不仅比较小，而且执行速度很快。

3. 高级语言

高级语言主要是相对于汇编语言而言的，它是较接近自然语言和数学公式的编程语言，基本脱离了机器的硬件系统，用人们更易理解的方式编写程序。编写的程序称之为源程序。

高级语言并不是特指的某一种具体的语言，而是包括很多编程语言，如流行的

java，C，C++，C#，pascal，python，lisp，prolog，FoxPro，易语言，中文版的C语言等，这些语言的语法、命令格式都不相同。

高级语言与计算机的硬件结构及指令系统无关，它有更强的表达能力，可方便地表示数据的运算和程序的控制结构，能更好地描述各种算法，而且容易学习掌握。但高级语言编译生成的程序代码一般比用汇编程序语言设计的程序代码要长，执行的速度也慢。高级语言程序“看不见”机器的硬件结构，不能用于编写直接访问机器硬件资源的系统软件或设备控制软件。为此，一些高级语言提供了与汇编语言之间的调用接口。用汇编语言编写的程序，可作为高级语言的一个外部过程或函数，利用堆栈来传递参数或参数的地址。

1.2.2 C语言概述

1. C语言的发展历史

嵌入式C语言是一种使用非常方便的高级语言。所以，在嵌入式产品的开发应用中，除了使用汇编语言外，也逐渐引入了嵌入式C语言。嵌入式（ARM，Linux）C语言除了遵循一般嵌入式C语言的规则外，还有其自身的特点。例如，中断服务函数（如interrupt n）对嵌入式单片机特殊功能寄存器的定义是嵌入式C语言所特有的，是对标准嵌入式C语言的扩展。

2. C语言的特点

嵌入式C语言发展迅速，而且成为最受欢迎的语言之一，主要是因为它具有强大的功能。用嵌入式C语言加上一些汇编语言子程序，就更能显示嵌入式C语言的优势了，像PC-DOS，WORDSTAR等都是用这种方法编写的。嵌入式C语言的特点如下。

（1）简洁紧凑、灵活方便。嵌入式C语言一共只有32个关键字、9条控制语句。

（2）程序书写自由，主要用小写字母表示。它结合了高级语言的基本结构和语句与低级语言的实用性。嵌入式C语言可以像汇编语言一样对位、字节和地址进行操作，而这三者是计算机最基本的工作单元。

（3）运算符丰富。嵌入式C语言的运算符包含的范围很广泛，共有34个运算符。嵌入式C语言把括号、赋值、强制类型转换等运算都作为运算符处理，从而既使嵌入式C语言的运算类型极其丰富，又使其表达式类型多样化。灵活使用各种运算符可以实现在其他高级语言中难以实现的运算。

（4）数据结构丰富。嵌入式C语言的数据类型包括整型、实型、字符型、数组类型、指针类型、结构体类型和共用体类型等，能够用于实现各种复杂数据类型的运算，并引入了指针概念，使程序效率更高。另外，嵌入式C语言具有强大的图形功能，支持多种显示器和驱动器，且计算功能、逻辑判断功能强大。

（5）嵌入式C语言是结构式语言。结构式语言的显著特点是代码及数据的分隔化，即程序的各个部分除了必要的信息交流外彼此独立。这种结构化方式可使程序层次清晰，便于使用、维护及调试。嵌入式C语言是以函数的形式提供给用户的，这些函数可以方便地调用，并由多种循环语句和条件语句控制程序流向，从而使程序完全结构化。

（6）嵌入式C语言语法限制不太严格，程序设计自由度大。一般的高级语言其语法检查比较严，能够检查出几乎所有的语法错误。而嵌入式C语言允许程序编写者有较大的自由度。

(7) 嵌入式C语言允许直接访问物理地址，可以直接对硬件进行操作。因此，嵌入式C语言既具有高级语言的功能，又具有低级语言的许多功能，能够像汇编语言一样，对位、字节和地址进行操作，而这三者是计算机最基本的工作单元，可以用来编写系统软件。

(8) 嵌入式C语言程序生成代码质量高、程序执行效率高。嵌入式C语言一般只比汇编程序生成的目标代码效率低10%～20%。

(9) 嵌入式C语言试用范围广、可移植性好。嵌入式C语言有一个突出的优点就是既适合于多种操作系统（如DOS，UNIX)，也适用于多种机型。

(10) 嵌入式C语言突出应用场合。对于操作系统、系统使用程序及需要对硬件进行操作的场合，使用嵌入式C语言编程明显优于其他高级语言，许多大型应用软件都是用嵌入式C语言编写的。嵌入式C语言具有强大的绘图能力、可移植性及很强的数据处理能力。因此，适于编写系统软件、三维图形、二维图形和动画。它是数值计算的高级语言。

1.3 C程序简介

C程序的基本结构是函数，通常在一个C程序中包含一个或多个函数。

为了熟悉C程序的基本结构，下面会举几个C程序的例子，程序由浅到深。我们可以从下列例子中了解C程序的基本结构。

1.3.1 C程序的结构

【例1-1】 输入矩形的4条边长，求矩形的周长。

程序代码如下。

```
#include <stdio.h>                          /*头文件*/
int main()
{
int a,b,c,d,perimeter;                      /*定义矩形的4条边长,周长*/
scanf("%d%d%d%d",&a,&b,&c,&d);              /*输入矩形的4条边长*/
perimeter = a+b+c+d;                        /*求矩形的周长*/
printf("perimeter=%d\n",perimeter);         /*输出矩形的周长至显示器*/
}
```

程序运行结果如下：

```
4 4 4 4 ↙
perimeter=16
```

【例1-2】 输入矩形的4条边长，求矩形的周长。

程序代码如下：

```
/*头文件*/
```

```
#include "stdio.h"                         //标准输入输出库函数的头文件

int Sum(int a,int b,int c,int d);          //功能子函数声明

/*主函数*/
int main()
{
    int a,b,c,d,sum;
    scanf("%d%d%d%d",&a,&b,&c,&d);         //调用标准输入库函数,系统提供
    sum=Sum(a,b,c,d);                      //调用功能子函数
    printf("sum=%d\n",sum);                //调用标准输出库函数,系统提供
}

/*求和功能子函数,自己编写*/
int Sum(int a,int b,int c,int d)
{
    int sum;
    sum=a+b+c+d;                           //求和
    return sum;
}
```

程序运行结果如下：

```
4 4 4 4         ↙
sum=16
```

通过以上例子能够总结出C程序结构的主要特点如下。

1. C程序是由头文件、主函数、功能子函数构成，如例1-2所示。如果在函数代码功能少、代码量不多的情况下可以省略功能子函数，如例1-1所示。

2. 被调用的函数可以是系统提供的库函数，也可以是用户自己编写的函数。程序的全部工作都是由各个函数完成的，编写C程序就是编写函数。如例1-2所示，其中调用的Sum函数是用户自己编写的函数，而scanf，printf函数则是系统提供的库函数，它们的头文件是“stdio. h”。

3. C库函数非常丰富，ANSIC提供了100多个库函数，Turbo C提供了300多个库函数。

4. main函数是每个程序执行的起点。一个C程序总是从main函数开始执行并在主函数中结束。主函数的书写位置是任意的，可以将main函数放在整个程序的最前面（如例1-2所示）或最后（如例1-3所示），也可以放在其他函数之间。

【例1-3】 输入矩形的4条边长，求矩形的周长。

```
/*头文件*/
#include "stdio.h"                         //标准输入输出库函数的头文件
int Sum(int a,int b,int c,int d);          //功能子函数声明,不可以省略
/*求和功能子函数,自己编写*/
int Sum(int a,int b,int c,int d)
```

```
{
    int sun;sun=a+b+c+d;                    //求和
    return sun;
}

/*主函数*/
int main()
{
    int a,b,c,d,sun;
    scanf("%d%d%d%d",&a,&b,&c,&d);          //调用标准输入库函数,系统提供
    sun=Sum(a,b,c,d);                       //调用功能子函数
    printf("sum=%d\n",sun);                 //调用标准输出库函数,系统提供
}
```

5. 一个函数由变量说明和函数体两部分组成，函数结构如下：

```
函数类型 函数名(形参)
{
【说明部分】:定义函数使用的变量。
【执行部分】:由单条或多条语句组成命令序列。
}
```

如例 1-3 中的求和功能子函数。int Sum 中的 int 函数数据类型说明，有函数数据类型代表有返回值，且用 return 返回一个整型的值；Sum 函数名，可以自己命名，且尽量做到望文生义；int a 中的 int 变量数据类型说明；a，b，c，d 是形式参数，有形式参数就一定有实参向形参传递值。

求和功能子函数，自己编写：

```
/*求和功能子函数*/
int Sum(int a,int b,int c,int d)
{
    /*说明部分*/
    int sun;                                //定义变量 sun 是 int 数据类型

    /*执行部分*/
    sun=a+b+c+d;                            //求和
    return sun;                             //返回值 sun
}
```

（1）每条语句由分号（;）作为语句的结束符。如例 1-3 所示，函数中每条语句最后都接一个英文的分号作为结束符。

（2）可以用 /* 内容 */ 对程序的任意部分进行注释，注释内容要写在 /* 和 */ 之间。注释部分只是用于阅读，对程序的运行不起作用。C 语言中注释不允许嵌套，注释里可以用英文也可以用中文。

（3）C 语言本身不提供输入/输出语句，输入/输出操作是调用库函数（如 scanf,

printf 等）完成的。

1.3.2 C 程序的编写规则

1. 较长的语句要分成多行书写，长表达式要在低优先级操作符处划分新行，操作符放在新行之首，划出的新行要进行适当的缩进，使排版整齐，语句可读。

2. 一般情况下，源程序有效注释量必须在 20%以上，注释的内容要清楚、含义准确，防止注释概念不清。

3. 标识符的命名要清晰、明了，有明确含义，同时使用完整的单词或大家基本可以理解的缩写，避免产生误解。

4. 程序块的分界符如“{”和“}”应各独占一行并且位于同一列，同时与引用它们的语句左对齐。

1.4 C 程序的开发过程

C 语言是一种编译型的程序设计语言。用 C 语言开发程序，首先需要一个开发环境。目前主流的开发环境有 Mcrosoft Visual C＋＋，Microsoft Visual Studio，DEV C＋＋，Borland C＋＋，WaTCom C＋＋，Borland C＋＋ Buider 等。本节将以 Visual C＋＋进行介绍。

1.4.1 C 程序的实现过程

C 程序的实现过程主要包括编辑、编译连接和运行三个步骤。

1. 编辑

编辑是用 C 语言写出源程序。方法有两种：一种是使用编辑程序编写好 C 语言源程序，并以 C 为后缀存入文件系统；另一种是使用 C 语言编译系统提供的编辑器来编写源程序，并且存入文件系统。

2. 编译连接

编译连接是两个过程，有些编译系统常将它们连在一起，实际上是将源程序先进行编译，通过编译可发现源程序中的语法错误。如有错误，则系统将其错误信息显示在屏幕上，用户根据指出的错误信息，对源程序进行编辑修改，修改后再重新编译，直到编译无错为止。编译后生成机器指令程序，被称为目标程序。此目标程序名与相应的源程序同名，其后缀为 .obj。编译过程完成后，便开始连接过程。所谓连接是将目标程序与库函数或其他程序连接成为可执行的目标程序，简称可执行程序。一般可执行程序名同源文件名，后缀为 .exe。

3. 运行

当程序编译连接后，生成了可执行程序便可运行。这里还需补充一点，在连接过程中可能出现错误，这时必须根据出错信息所指示的错误进行修改，然后进行连接直到不出错为止，这样才会生成可执行文件。运行可执行文件，一般屏幕上显示出输出结果。

1.4.2 在 Visual C＋＋环境下实现 C 程序

Microsoft Visual C＋＋（简称 Visual C＋＋，MSVC，VS 或 VC）是微软公司的免

费C++开发工具，具有集成开发环境，可提供编辑C语言，C++以及C++/CLI等编程语言。VC++集成了便利的除错工具，特别是集成了微软Windows视窗操作系统应用程序接口（Windows API），三维动画DirectX API，Microsoft .NET框架。

在Windows系统任务栏中，执行“开始”→“所有程序”→Microsoft Visual Studio 6.0→Microsoft Visual C++命令，即可启动Visual C++6.0集成开发环境，其主界面如图1-2所示。

图1-2　Visual C++6.0主界面

（1）创建文件

执行“文件”→“新建”命令，在“新建”对话框中选择“文件”选项卡，在左边的列表框中选择“C++ Source File”选项，在右侧“文件名”文本框中输入文件名，单击“位置”文本框右侧”按钮修改保存位置，如图1-3所示。单击“确定”按钮即可进入代码编辑窗口。

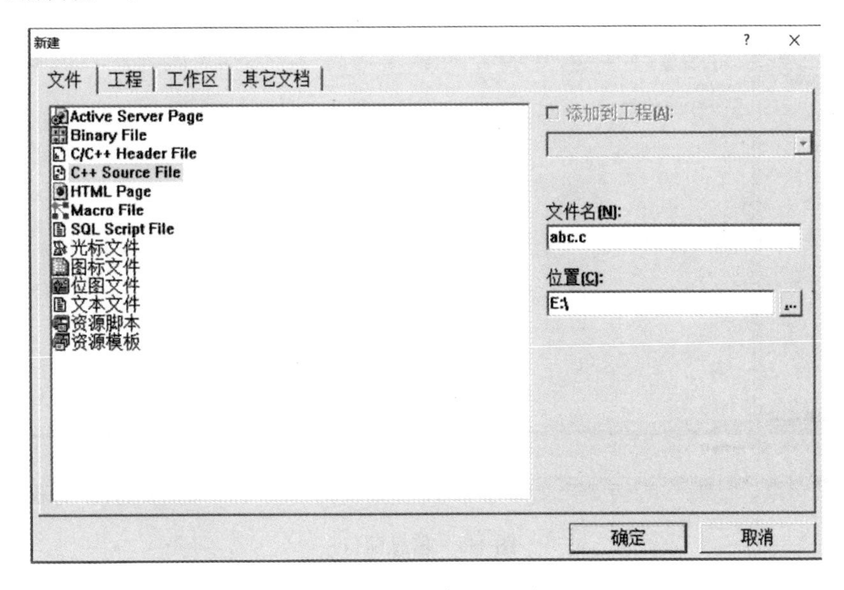

图1-3　“新建”对话框

（2）编辑代码并保存

在代码编辑窗口输入源代码，如图 1-4 所示。输入完成后，执行“文件”→“保存”命令或单击工具栏中的“保存”按钮保存文件。

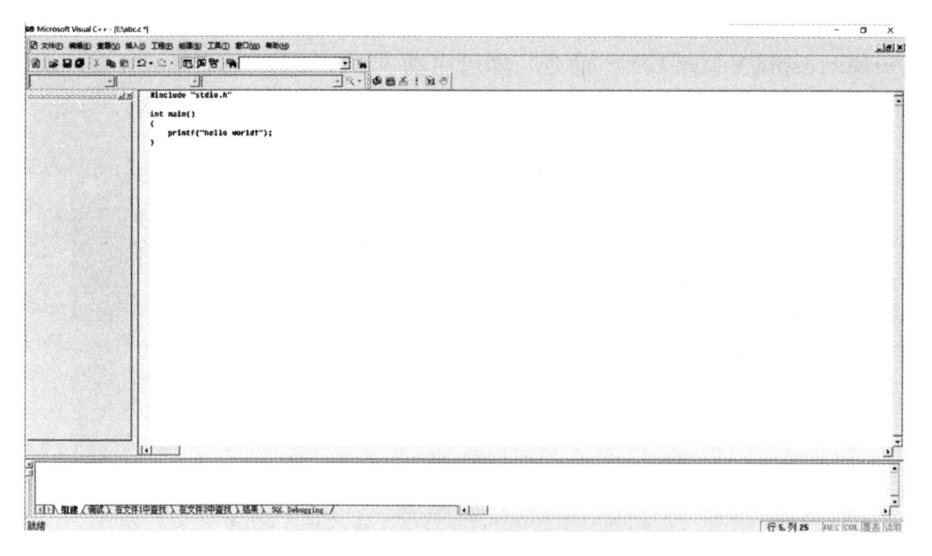

图 1-4　C 程序编辑窗口

（3）编译、连接、运行程序

执行“组建”→“编译［abc. c］”命令，单击工具栏中的“编译”按钮，或按 Ctrl＋F7 组合键，在弹出的对话框中单击“是”按钮，这时系统开始对当前的源程序进行编译。如果程序出现错误，则根据提示信息修改源代码，再进行编译，直至编译无错。

如果下方的信息窗口提示 abc. obj-0 error（s），0 warning（s），如图 1-5 所示，则表明编译正确。

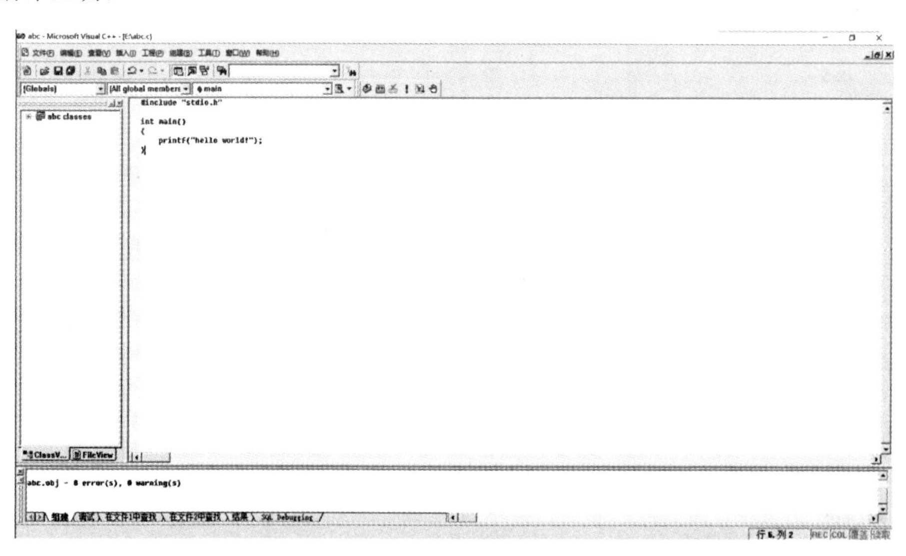

图 1-5　信息窗口

执行“组建”→“执行［abc. exe］”命令或按 Ctrl＋F5 组合键，即可看到控制台程序窗口中的运行结果，如图 1-6 所示。

图 1-6 程序运行结果窗口

（4）关闭工作空间

完成操作后，必须安全地保存已经建立的应用程序和数据，应正确地使用关闭工作区来终止工程。

执行“文件”→“保存工作空间”命令，将工作空间信息保存；执行“文件”→“关闭工作空间”命令终止工程，保存工作空间信息，关闭当前工作空间；执行“文件”→“退出”命令退出 Visual C++6.0 集成环境。

1.5 等级考试重难点讲解与真题解析

本节主要从历次等级考试的真题来分析。从历次等级考试的真题来看，本节属于非重点考查的对象。不过尽管分值所占比例较小，但基本上每次至少有一道试题。主要以概念性的知识为主。

1.5.1 重点、难点解析

1. C 程序的构成。

2. C 程序主要由函数构成。

3. 一个 C 程序总是从 main 函数开始执行并在主函数中结束。主函数的书写位置是任意的，可以将 main 函数放在整个程序的最前面或最后，也可以放在其他函数之间。

4. C 程序的书写规则。

（1）较长的语句要分成多行书写。

（2）一般情况下，源程序有效注释量必须在 20%以上。

（3）标识符的命名要清晰、明了，有明确含义，同时使用完整的单词。

（4）程序块的分界符如“{”和“}”应各独占一行并且位于同一列，同时与引用它们的语句左对齐。

5. C程序的编译与执行。

6. 编译后生成机器指令程序。被称为目标程序。此目标程序名与相应的源程序同名，其后缀为 . obj。编译过程完成后，便开始连接过程。所谓连接是将目标程序与库函数或其他程序连接成为可执行的目标程序，简称可执行程序。一般可执行程序名同源文件名，后缀为 . exe。

1.5.2 真题解析

1. 以下叙述中错误的是（　　）。[2006年4月]

A. C语言源程序经编译后生成后缀 . obj 的目标程序；

B. C程序经过编译、连接步骤之后才能形成一个真正可执行的二进制机器指令文件；

C. 用C语言编写的程序称为源程序，它以ASCII代码形式存放在一个文本文件中；

D. C语言中的每条可执行语句和非执行语句最终都将被转换成二进制的机器指令。

答案：D

解析：并不是源程序中所有行都会参加编译。选项D中的非执行语句不在其范围内。

2. 计算机高级语言程序的运行方法有编译执行和解释执行两种，以下叙述中正确的是（　　）。[2011年3月]

A. C语言程序仅可以编译执行；

B. C语言程序仅可以解释执行；

C. C语言程序既可以编译执行又可以解释执行；

D. 以上说法都不对。

答案：A

解析：C语言是一种编译型的程序设计语言。

3. 以下叙述中错误的是（　　）。[2011年3月]

A. C语言的可执行程序是由一系列机器指令构成的；

B. 用C语言编写的源程序不能直接在计算机上运行；

C. 通过编译得到的二进制目标程序需要连接才可以运行；

D. 在没有安装C语言集成开发环境的机器上不能运行C源程序生成的 . exe 文件。

答案：D

解析：在Windows环境下双击可执行文件名，即可运行程序。

4. 以下叙述中正确的是（　　）。[2008年9月]

A. C程序的基本组成单位是语句；

B. C程序中的每一行只能写一条语句；

C. 简单C语句必须以分号结束；

D. C语句必须在一行内写完。

答案：C

解析：C语言的基本组成单位是函数。C程序可以一行写一条语句，也可以一行写多条语句，还可以一条语句分多行写。

5. 对于一个正常运行的C程序，以下叙述中正确的是（　　）。[2007年4月]
A. 程序的执行总是从main函数开始，在main函数结束；
B. 程序的执行总是从程序的第一个函数开始，在main函数结束；
C. 程序的执行总是从main函数开始，在程序的最后一个函数中结束；
D. 程序的执行总是从程序的第一个函数开始，在程序的最后一个函数中结束。
答案：A
解析：一个C程序总是从main函数开始，在main函数结束。

1.6 思考与练习

1. 一个C程序中至少应该包含一个____________函数。
2. C语言程序经过连接后生成的文件名的后缀为____________。
3. C语言编译程序的首要工作是____________。
4. 在C语言中以____________作为一个语句的结束标志。

2 数据类型

2.1 案例引入——基本数据类型显示样例

2.1.1 任务描述

在计算机中显示基本数据类型占用存储器空间大小。

2.1.2 任务目标

1. 掌握基本数据类型的分类。
2. 掌握基本数据类型占用存储器空间的大小。

2.1.3 源代码展示

```
#include<stdio.h>
/*主函数*/
void main()
{                                       //字符型 char 占 1 个字节内存空间
    char i;                             //定义字符类型变量 i

    i=sizeof(char);                     //求出字符类型占 1 个字节内存,并赋值给 i
    printf("sizeof char i= %d\n",i);    //输出 i 的值为 sizeof char i= 1

                                        //整型 int 占 4 个字节存储空间
    i=sizeof(int);
    printf("sizeof int i= %d\n",i);     //输出 i 的值为 sizeof int i=4

                                        //长整型 long 占 4 个字节内存空间
    i=sizeof(long);
    printf("sizeof long i= %d\n",i);    //输出 i 的值为 sizeof long i=4

                                        //单精度浮型 float  占 4 个字节内存空间
    i=sizeof(float);
    printf("sizeof float i= %d\n",i);   //输出 i 的值为 sizeof float i=4
```

```
                                  //双精度浮型 double  占 8 个字节内存空间
    i=sizeof(double);
    printf("sizeof double i= %d\n",i);    //输出 i 的值为 sizeof double i=8
}
```

2.1.4 运行结果

程序的运行结果，如图 2-1 所示。

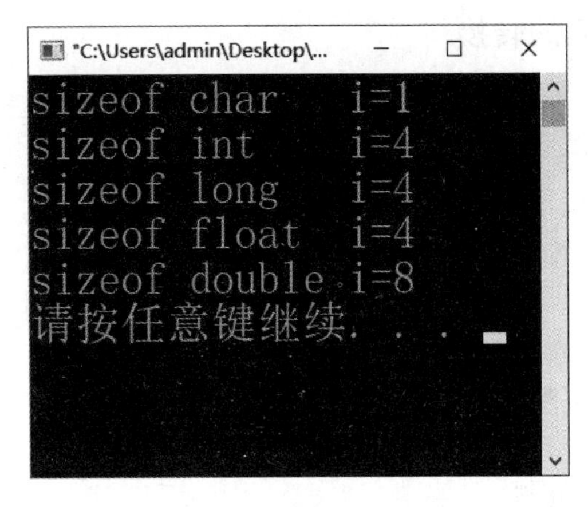

图 2-1 程序运行结果

2.1.5 程序分析

本程序由主函数 main 函数构成，main 函数中的 sizeof () 功能是返回一个变量或者类型的大小（以字节为单位），在 C 语言中，sizeof () 是一个判断数据类型或者表达式长度的运算符。运用 sizeof () 可以测量出数据类型在内存中占存储字节数的多少。

2.1.6 知识讲解

单片机的基本功能是进行数据处理，数据在进行处理时需要首先存放到单片机的存储器中。因此，编写程序时对使用的常量与变量都要首先声明其数据类型，以便把不同的数据类型定位在嵌入式处理器的不同存储区中。

具有一定格式的数字或数值称为数据，数据的不同格式称为数据类型。数据类型是用来表示数据存储方式及所代表的数值范围的。嵌入式 C 语言的数据类型与一般标准 C 语言的数据类型大多相同，但也有其扩展的数据类型。

2.2 C 语言数制

2.2.1 基本进制表示

二进制　　由 0，1 组成。以 0b 开头。

八进制　　由 0，1，…7 组成。以 0 开头。

十进制　　　由 0，1，…9 组成。整数默认是十进制的。

十六进制　　由 0，1，…9，a，b，c，d，e，f（大小写均可）组成。以 0x 开头 。

注：

1. 任何数据在计算机中都是以二进制的形式存在的；
2. 进制不区分大小写，例如 0x7a 等价于 0X7A；
3. 十六进制：　A，a　B，b　C，c　D，d　E，e　F，f

　　十进制　：　10　11　12　13　14　15

2.2.2　进制之间的转换

1. X 进制转换成十进制（X 代表任意进制）

x 进制数 $A_n A_{n-1} \cdots A_1 A_0$ 对应的十进制数为：

$A_n \times X_n + A_{n-1} \times X_{n-1} + \cdots + A_1 \times X_1 + A_0 \times X_0$

下面给大家举几个例子：

$0b1011111 = 1\times2^6 + 0\times2^5 + 1\times2^4 + 1\times2^3 + 1\times2^2 + 1\times2^1 + 1\times2^0 = 64+0+16+8+4+2+1 = 95$

$0156 \quad = 1\times8^2 + 5\times8^1 + 6\times8^0 = 64+40+6 = 110$

$0x2AB \quad = 2\times16^2 + 10\times16^1 + 11\times16^0 = 512+160+11 = 683$

2. 十进制转换成 x 进制

方法：除 x 取余数，直至商为零，余数倒序排序。

下面给大家举个例子：

十进制 185 分别转换成二进制、八进制和十六进制。

十进制转二进制：185=0b10111001，如图 2-2 所示。

十进制转八进制：185=0271，如图 2-3 所示。

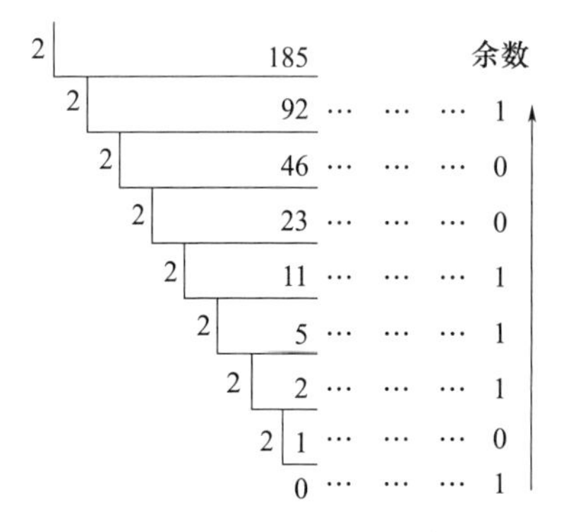

图 2-2　十进制转二进制

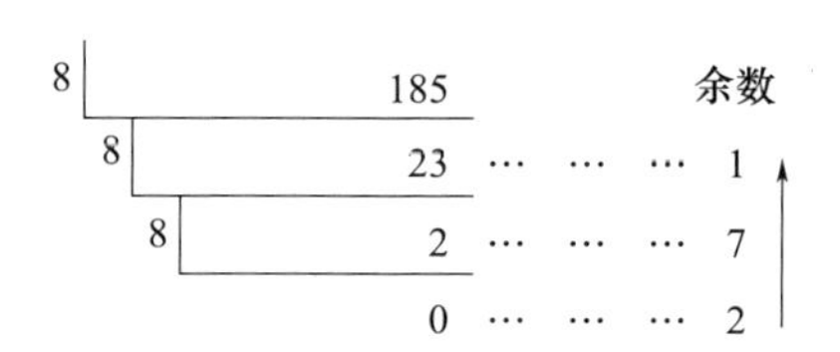

图 2-3　十进制转八进制

十进制转十六进制：185 =0xB9 ，如图 2-4 所示。

余数
16 185
16 11 … … … 9
0 … … … B

图 2-4　十进制转十六进制

3. 二进制转换为八进制：421 码

将二进制数从右到左，每三位组成一组，最左边不足三位的补零。然后对每组分别运用“421 码”法则快速运算。如果二进制是 1 则保留，如果是 0 则舍去。

二进制转八进制：0b11111＝037，解释如下：

421　421

0b11111 ＝0b011 111＝037。

037 的各位含义如下：

（1）打头 0 八进制前缀；

（2）3 八进制的十位：0×4＋1×2＋1×1＝3；

（3）7 八进制的个位：1×4＋1×2＋1×1＝7。

【练习】0b10011＝0（　　）。

首先，从右到左分成三组，最左边不足三位的补零，即 0b010 011。然后对每组分别运用“421 码”快速运算即 023。所以 0b10 011＝023。

4. 二进制转换为十六进制

将二进制数从右到左，每四位组成一组，最左边不足四位的补零。然后对每组分别运用“8421 码”法则快速运算。如果二进制是 1 则保留，如果是 0 则舍去。

二进制转十六进制：0b11111＝0x1f，解释如下。

8421　8421

0b11111 ＝0b0001 1111＝0x1f。

0x1f 的各位含义如下：

（1）打头 0x 十六进制前缀；

（2）1 十六进制的十位：0×8＋0×4＋0×2＋1×1＝1；

（3）f 十六进制的个位：1×8＋1×4＋1×2＋1×1＝f。

【练习】0b110010＝0x（　　）。

首先，从右到左分成四组，最左边不足四位的补零，即 0b0011 0010。然后对每组分别运用“8421 码”法则快速运算即 0x32。所以 0b110010 ＝ 0x32。

5. 八进制转换为二进制

对于每一位八进制数，分别运用“421 码”法则快速运算，逐位展开成三位二进制数，不足三位的补零，最后最左边的零可省略。

【练习】0754 ＝0b（　　）。

07 ＝ 0b111 ，05 ＝ 0b101 ，04 ＝ 0b100 ，所以 0754 ＝ 0b111101100。

6. 十六进制转换为二进制

对于每一位十六进制数，分别运用“8421 码”法则快速运算，逐位展开成四位二进制数，不足四位的补零，最后最左边的零可省略。

【练习】0x39F ＝ 0b1110011111

0x3 ＝ 0b0011 ，0x9 ＝ 0b1001，0xF　＝ 0b1111，所以 0x39F ＝0b001110011111。

这个程序的功能是将同一个十进制数以不同的进制显示出来。

```
#include <stdio.h>
int main(void)
```

```
{
    int i = 63;
    printf("i = %d\n", i);
    printf("i = %o\n", i);
    printf("i = %x\n", i);
    printf("i = %X\n", i);
    return 0;
}
```

运行结果：

```
i = 63
i = 77
i = 3f
i = 3F
```

其中：%d 表示以十进制输出；%o 表示以八进制输出，注意是字母 o 不是数字 0，而且一定是小写字母。这与前面讲的八进制数是数字 0 打头而不是字母 o 有区别，正好是相反的，千万不要弄混了。

%x 和%X 表示以十六进制输出。那么它们有什么区别呢？如果是 %x，那么字母就是以小写的形式输出，如果是 %X，那么字母就是以大写的形式输出。这也是八进制中只有%o，而没有%O 的原因，因为八进制中根本没有字母，所以不需要区分大小写。

2.3 基本数据类型

2.3.1 基本数据类型

基本数据类型按数据占用存储器空间的大小分为以下四类：

字符型（char）：代表占内存 1 个字节（1B），换算成二进制可以存放 8 位数据；

整型（int）：代表占内存 2/4 个字节（2/4B），换算成二进制可以存放 16/32 位数据（不同的处理器，位数不一样，如 ARM 9.0 为 32 位）；

长整型（long）：代表占内存 4 个字节（4B），换算成二进制可以存放 32 位数据；

实型（单精度 float）：代表占内存 4 个字节（4B），换算成二进制可以存放 32 位数据；

实型（双精度 double）：代表占内存 8 个字节（8B），换算成二进制可以存放 64 位数据。

基本数据类型比较，见表 2-1。

表 2-1 基本数据类型比较

数据类型		长度	值域范围
无符号字符型	unsigned char	1 byte	0～255
有符号字符型	signed char	1 byte	－128～127
无符号整型	unsigned int	2 byte	0～65535

续表

数据类型		长度	值域范围
有符号整型	signed int	2 byte	－32768～32767
指针类型	*	1～3 byte	对象的地址
无符号长型	unsigned long	4 byte	0～4294967295
有符号长型	signed long	4 byte	－2147483648～2147483647
浮点型	float	4 byte	＋1.175494E－38～＋3.402823E＋38

知识点：

1. C语言中有32个关键字，其中signed有符号，加上否定前缀un就是unsigned为无符号，其中signed可以省略不写，而unsigned不可以省略。而所谓的符号是指将数据类型的二进制位的最高位，用作表示正负号，即1表示负数，0表示正数。

例如：unsigned char a；

char 型用8位二进制（一个字节）表示

那么unsigned char 最小值为：

0	0	0	0	0	0	0	0

$2^7*0+2^6*0+2^5*0+2^4*0+2^3*0+2^2*0+2^1*0+2^0*0=0$

那么unsigned char 最大值为：

1	1	1	1	1	1	1	1

$2^7*1+2^6*1+2^5*1+2^4*1+2^3*1+2^2*1+2^1*1+2^0*1=255$

例如：char a='a'；　//有符号的字符型变量，其中signed省略不写

如‘a’其ACSII值为97，在程序中要用单引号表示，输出时无单引号，内存中表示为：$2^6*1+2^5*1+2^0*1=97$　即ASCII码97，其中最左边的0代表正数。

0	1	1	0	0	0	0	1

2. float型究竟用多少位来表示小数部分、多少位来表示指数部分，标准嵌入式C语言里面并无具体规定，由各编译系统自定。很多C语言编译系统以24位表示小数部分（包括小数的符号），以8位表示指数部分（包括指数的符号）。

例如：123.45（＋123.45）用32位二进制（四个字节）表示为0.12345×10^3。

不同的系统，n的位数有不同，n长，精度高，但可表示的指数小，能表示的数的范围窄。反之，则能表示的数的范围广，但精度低。float类型又称为“浮点”类型，把实数的小数点都看成在第一位，而用指数位“浮动”小数点。

3. 嵌入式C语言常用的基本数据类型主要是char（单字节字符型）和int（双字节整型）两种，这两种数据类型对数据表示的范围不同，处理速度也不相同。51单片机的CPU是8位字长的，所以处理char类型的数据速度最快，而处理16位的int类型数据的速度则要慢得多。另外，short与long属于整型数据；float与double型属于浮点型数据。

4. 当程序中出现表达式或变量赋值运算时，若运算对象的数据类型不一致，则数

据类型自动进行转换。数据类型转换按以下优先级别自动进行：bit→char→int→long→float；unsigned（无符号）→signed（有符号）。

2.3.2　用户标识符

在C语言中，C语言用户标识符就是用户根据需要自己定义的标识符，一般用来给变量、函数、数组等命名。

用户标识符如果与关键字相同，则编译时会出错；如果与预定义标识符相同，编译时不会出错，但预定义标识符的原意就失去了，或会导致结果出错，因此预定义标识符一般不用来作为用户标识符。

命名规则如下：

（1）用户标识符由字母、下画线、数字组成，但开头必须是字母或下划线。

（2）用户标识符不能使用系统中保留的关键字。

（3）用户标识符区分大小写，可以用来作为变量名。

（4）用户命名应该遵循望文生义的原则，即看名字就知道它的作用。

例如：int time；　　　　　//跟时间有关的变量

　　　float temperature；//跟温度有关的变量

2.4　常量与变量

2.4.1　常量

在程序运行中其值不能改变的量称为常量。常量可分为整型常量、浮点型常量、字符型常量、字符串型常量。

（1）整型常量：整型常量就是整常数。在C语言中，使用的整常数有八进制、十六进制和十进制三种。十进制可以表示为123，0，8等；十六进制则以0x开头，如0x34，长整型在数字后面加字母L，如10L、0xF340L等。

（2）浮点型常量：浮点型常量表示形式分为十进制和指数两种。十进制由数字和小数点组成，如0.888，3345.345，0.0等，整数或小数部分为0时可以省略0但必须有小数点。指数表示形式如下：

[±] 数字 [. 数字] e [±] 数字；

其中，[ ] 中的内容为可选项，内容根据具体情况可有可无，但其余部分必须有，如123e3，5e6，－1.0e－3，而e3，5e4.0则是非法的表示形式。

（3）字符型常量：字符型常量是单引号内的字符，如‘a’‘d’等。并且引号内超过1个字符的话就不能用单引号，否则视作非法的字符型常量，如‘abc’。字符型常量在内存中占1个字节，存放的是ASCII码值，如字符型常量‘a’对应的ASCII码值为97。还有一种叫作转义字符的由\打头，例如：‘\a’‘\567’等，详情见附录B。

（4）字符串型常量：字符串型常量由双引号内的字符组成，如“hello”“english”等。当引号内没有字符时，为空字符串。

（5）用标识符代表的常量称为符号常量。例如，在指令“#define PI 3.1415926”

后，符号常量 PI 即代表圆周率 3.1415926。

2.4.2 变量

在程序运行中，其值可以改变的量称为变量。一个变量主要由两部分构成，一个是变量名，另一个是变量值。每个变量都有一个变量名，在内存中占据一定的存储单元（地址），并在该内存单元中存放该变量的值。C 语言支持的变量通常有如下几种类型。

（1）局部变量：定义在函数内部的变量，作用范围仅限于定义它的这个语句或函数内有效，如例 2-1 所示。

【例 2-1】 输出局部变量的值。

```
#include<stdio.h>
/*主函数*/
void main()
{
    int a=10;                          //局部变量
    printf("a=%d\n",a);                //输出 a=10
}
```

（2）全局变量：定义在函数外部的变量，作用范围是整个程序，如例 2-2 所示。

【例 2-2】 输出全局部变量的值。

```
#include<stdio.h>
int i=10;                              //全局变量
/*主函数*/
void main()
{
    printf("i=%d\n",i);                //输出 i=10
}
```

（3）静态变量：在定义的前面加上一个 static，如 static int m；定义一次就不再消失，它会把上一次的值保存起来，下一次直接拿来使用，如例 2-3 所示。

【例 2-3】 输出静态局部变量的值。

```
#include<stdio.h>
void data(void);                       //函数声明
/*主函数*/
void main()
{
    data();                            //第一次调用,输出 a=2
    data();                            //第二次调用,输出 a=3
    data();                            //第三次调用,输出 a=4
}
void data(void)
{
    static int a=1;                    //静态局部变量,只初始化一次,用完不释放,保存
```

```
    a=a+1;
    printf("a=%d\n",a);
}
```

【例 2-4】 输出静态局部变量的值。

```
#include<stdio.h>
void data(void);                        //函数声明
/*主函数*/
void main()
{
    data();                             //第一次调用,输出 a=2
    data();                             //第二次调用,输出 a=2
    data();                             //第三次调用,输出 a=2
}
void data(void)
{
    int a=1;                            //局部变量,每次调用都会重新初始化,用完释放,不保存
    a=a+1;
    printf("a=%d\n",a);
}
```

命名规则：

• 允许在一个类型说明符后，定义多个相同类型的变量。各变量名之间用逗号间隔。类型说明符与变量名之间至少用一个空格间隔。

• 最后一个变量名之后必须以“;”结尾。

• 变量定义必须放在变量使用之前。一般放在函数体的开头部分。

例如：int time1，time2，time3;

2.5 运算符和表达式

2.5.1 赋值运算

利用赋值运算符将一个变量与一个表达式连接起来的式子为赋值表达式，在表达式后面加“;”便构成了赋值语句。使用“=”的赋值语句格式如下：

```
变量 = 表达式;
例如:a = 0x10;                          //将常数十六进制数 10 赋给变量 a
     f = d-e;                          //将变量 d-e 的值赋给变量 f
```

赋值语句的意义是首先计算出“=”右边的表达式的值，然后将得到的值赋给左边的变量，而且右边的表达式可以是一个赋值表达式。

1. 算术运算符及算术表达式

算术运算符有如下几个，其中只有取正值和取负值运算符是单目运算符，其他都是

双目运算符。

(1) +（加法运算符，或正值符号）；

(2) -（减法运算符，或负值符号）；

(3) *（乘法运算符）；

(4) /（除法运算符）；

(5)% [模（求余）运算符，如5%3的结果是5除以3所得余数为2]。

用算术运算符和括号将运算对象连接起来的式子称为算术表达式。运算对象包括常量、变量、函数、数组和结构体等。

算术表达式的形式如下：

```
表达式1   算术运算符   表达式2
   A          +           B
```

例如：a+b，(x+4) / (y-b)，y-sin (x) /2。

知识点：

除法（/）、求余（%）运算符一般用于数的位数分离。例如，将123进行位数分离，程序如下：

```
uchar a,b,c;
a=123/100=1;
b=123%100/10=2;
c=123%100%10=3;
```

2. 算术运算的优先级与结合性

算术运算符的优先级规定为：先乘除模，后加减，括号最优先。其中，乘、除、模运算符的优先级相同，并高于加减运算符；括号中的内容优先级最高。

```
a+b*c;  // 乘号的优先级高于加号,故先运算 b*c,所得的结果再与 a 相加
(a+b)*(c-d)-6;//括号的优先级最高,*次之,减号优先级最低,故先运算(a+b)和(c-d),然后将二者的结果相乘,最后与 6 相减
```

算术运算的结合性规定为自左至右方向，称为“左结合性”，即当一个运算对象两边的算术运算符优先级相同时，运算对象先与左面的运算符结合。

```
a+b-c;  // b 两边是“+”“-”,运算符优先级相同,按左结合性优先执行 a+b 再减 c
```

2.5.2 数据类型转换运算

当运算符两侧的数据类型不同时，必须通过数据类型转换将数据转换为同种类型。

转换的方式有自动类型转换和强制类型转换两种。

1. 自动类型转换。由嵌入式C语言编译器编译时自动进行。数据自动类型转换规则如下：

char→int→long→float→double

unsigned ———→signed

低————→高

2. 强制类型转换。需要使用强制类型转换运算符，其形式如下：

```
(类型名)(表达式);
```

例如：

```
(double)a                              // 将 a 强制转换成 double 类型
(int)(a+b)                             // 将 a+b 的值强制转换成 int 类型
```

使用强制转换类型运算符后，运算结果被强制转换为规定的类型。

例如：

```
unsigned char x,y;
unsigned char z;
z= (unsigned  char)(x * y);
```

2.5.3 关系运算

1. 关系运算符

关系运算符有如下几种类型：

(1) ＜（小于）；

(2) ＞（大于）；

(3) ＜＝（小于或等于）；

(4) ＞＝（大于或等于）；

(5) ＝＝（等于）；

(6)！＝（不等于）。

关系运算符同样有着优先级别。前四种具有相同的优先级，后两种也具有相同的优先级。但是，前四种的优先级要高于后两种。关系运算符的结合性为左结合。

2. 关系表达式

关系表达式是指用关系运算符连接起来两个表达式。关系表达式通常用来判别某个条件是否满足。要注意的是，关系运算符的运算结果只有“0”和“1”两种，也就是逻辑的“真”与“假”，当指定的条件满足时结果为1，不满足时结果为0。关系表达式结构如下：

表达式 1　关系运算符　表达式 2

例如：

(1) a＞b；　　若 a＞b，则表达式值为 1（真）。

(2) b＋c＜a；　若 a＝3，b＝4，c＝5，则表达式值为 0（假）。

(3) (a＞b) ＝＝c；　若 a＝3，b＝2，c＝1，则表达式值为 1（真）。因为 a＞b 值为 1，等于 c 值。

(4) c＝＝5＞a＞b；若 a＝3，b＝2，c＝1，则表达式值为 0（假）。

2.5.4 自增自减及复合运算

1. 自增减运算

C 语言提供自增运算“＋＋”和自减运算“－－”，使变量值可以自动加 1 或减 1。

自增减运算只能用于变量而不能用于常量表达式。应当注意的是，“++”和“--”的结合方向是“自右向左”。

例如：

```
++i;                    //在使用 i 之前,先使 i 值加 1;
i++;                    //在使用 i 之后,再使 i 值加 1;
--i;                    //在使用 i 之前,先使 i 值减 1;
i--;                    //在使用 i 之后,再使 i 值减 1;
```

2. 复合运算

复合赋值运算符就是在赋值运算符“=”的前面加上其他运算符。

以下是几种复合赋值运算符：

(1) += 加法赋值；

(2) -= 减法赋值；

(3) *= 乘法赋值；

(4) %= 取模赋值；

(5) <<= 左移位赋值；

(6) >>= 右移位赋值；

(7) &= 逻辑与赋值；

(8) |= 逻辑或赋值。

复合运算的一般形式如下：

```
变量  复合赋值运算符  表达式
```

例如：a+=3 等价于 a=a+3；b/=a+5 等价于 b=b/（a+5）。

2.5.5 逗号运算

可以用逗号运算符将两个或多个表达式连接起来，形成逗号表达式。

(1) 逗号表达式的一般形式如下：

```
表达式 1,表达式 2,表达式 3,…,表达式 n
```

(2) 用逗号运算符组成的表达式在程序运行时，是从左到右计算出各个表达式的值，而整个用逗号运算符组成的表达式的值等于最右边表达式的值，就是“表达式 *n*”的值。

(3) 在实际应用中，大部分情况下，使用逗号表达式的目的只是分别得到各个表达式的值，而并不一定要得到或使用整个逗号表达式的值。

(4) 并不是在程序的任何位置出现的逗号，都可以认为是逗号运算符。例如，函数中的参数之间的逗号只是起间隔之用而不是逗号运算符。

例如：x=（3，10*10）x=100。

2.6 等级考试重难点讲解与真题解析

本节主要从历次等级考试的真题来分析。从历次等级考试的真题来看，本节主要考查基本数据类型、运算符和表达式，考查的内容都属于基本知识，相对容易。

2.6.1 重点、难点解析

1. 标识符

(1) 用户标识符由字母、下划线、数字组成，但开头必须是字母或下划线。

(2) 用户标识符不能使用系统法保留的关键字。

(3) 用户标识符区分大小写，可以用来作为变量名。

2. 常量

(1) 整型常量：整型常量就是整常数。在C语言中，使用的整常数有八进制、十六进制和十进制三种。十进制可以表示为123，0，－8等；十六进制则以0x开头，如0x34，长整型在数字后面加字母L，如10L，0xF340L等。

(2) 浮点型常量：浮点型常量表示形式分为十进制和指数两种。十进制由数字和小数点组成，如0.888，3345.345，0.0等，整数或小数部分为0时可以省略0但必须有小数点。指数表示形式如下：[±] 数字 [.数字] e [±] 数字；其中，[] 中的内容为可选项，内容根据具体情况可有可无，但其余部分必须有，如123e3，5e6，－1，0e－3，而e3，5e4.0则是非法的表示形式。

(3) 字符型常量：字符型常量是单引号内的字符，如'a''d'等。若单个字符用双引号则为非法的字符型常量，如"a"，并且引号内超过1个字符的话就不能用单引号，否则也视作非法的字符型常量，如"abc"。字符型常量在内存中占1个字节，存放的是ASCII码值，如字符型常量'a'对应的ASCII码值为97。

(4) 字符串型常量：字符串型常量由双引号内的字符组成，如"hello""english"等。当引号内没有字符时，为空字符串。用标识符代表的常量称为符号常量。例如，在指令"#define PI 3.1415926"后，符号常量PI即代表圆周率3.1415926。

3. 运算符及表达式

运算符有算术运算符、关系运算符、自增减运算符、复合运算符、逗号运算符。

算术运算符的优先级规定为：先乘除模，后加减，括号最优先。其中，乘、除、模运算符的优先级相同，并高于加减运算符；括号中的内容优先级最高。

2.6.2 真题解析

1. 表达式（int）（（double）9/2）－（9）%2的值是（　　）。[2009年9月]

A. 0　　B. 3　　C. 4　　D. 5

答案：B

解析：减号左边的值为4，而减号右边9对2求余的值为1，4－1＝3。

2. 以下选项中可用作C程序合法实数的是（　　）。[2011年3月]

A. 1e0　　B. 3.0e0.2　　C. E9　　D. 9.12E

答案：A

解析：实数表示形式要求字母e/E前必须有数字，e后面的是指数必须为整数。B中错在指数部分为小数，C中错在E前无数字，D中错在E后无整数。

3. 若有定义语句" int a＝3，b＝2，c＝1;"，以下选项中错误的赋值表达式是

（　　）。[2011 年 3 月]

A. a=（b=4）=3；　　　　B. a=b=c+1；

C. a=（b=4）+c；　　　　D. a=1+（b=c=4）；

答案：A

解析：值不能赋给表达式。

4. 以下选项中，能用作用户标识符的是（　　）。[2009 年 9 月]

A. void　　B. 8_8　　C. _0_　　D. unsigned

答案：C

解析：void 和 unsigned 为系统关键字，不能用作用户标识符，所以 A 和 D 错误，用户的标识符第一个字符必须为字母或下划线，所以 B 错误。

2.7　思考与练习

2.8.1　选择题

1. 如下所示，执行以下程序段后，变量 a，b，c 的值分别是（　　）。

int x=10，y=9；int a，b，c；a=（--x==y++)？--x：++y；b=x++；c=y；

A. a = 9，b = 9，c = 9

B. a = 8，b = 8，c = 10

C. a = 9，b = 10，c = 9

D. a = 1，b = 11，c = 10

2. 若有以下定义，intk = 7，x = 12；则能使值为 3 的表达式是（　　）。

A. x% =（k%=5）　　　　B. x% =（k - k%=5）

C. x% = k - k%5　　　　D.（x%=k）-（k%=5）

3. 设有说明：charw；intx；floaty；doublez；则表达式 w * x+z-y 值的数据类型为（　　）。

A. float　　B. char　　C. int　　D. double

4. sizeof（float）是（　　）。

A. 一种函数调用　　　　B. 一个不合法的表示形式

C. 一个整型表达式　　　　D. 一个浮点表达式

5. 若已定义 x 和 y 为 double 类型，则表达式：x=1，y=x+3/2 的值是（　　）。

A. 1　　B. 2　　C. 2.0　　D. 2.5

6. 若有以下定义和语句 char c1='b'，c2='e'；printf（"%d,%c\n"，c2-c1，c2-'a'+" A")；则输出结果是（　　）。

A. 2，M

B. 3，E

C. 2，E

D. 输出项与对应的格式控制不一致，输出结果不确定

7. 下列运算符中，优先级最高的是（　　），最低的是（　　）。

A. <<　　　　B. ～　　　　C. ^　　　　D. &

8. C 语言提供的合法的关键字是（　　）。

A. swicth　　　　B. cher　　　　C. Case　　　　D. default

2.8.2　填空题

1. 若 a，b，c 均是 int 型变量，则计算下面表达式后 a 的值为________，b 的值为________，c 的值为________。a=25/3 * 3；b=25 * 3/3；c=25/3%3；

2. 若定义 unsigned char a，b，c；则 a = 5；b = 15；c = 254；c = b & a << 2 + ～c；执行后 c 的值为________。

3. 若 x 和 a 均是 int 型变量，则计算表达式（1）后的 x 值为________，计算表达式（2）后的 x 值为________。（1）x=（a=4，6 * 2）；（2）x=a=4，6 * 2；

4. 若有定义：char c='\ ⑩1 '；则变量 c 中包含的字符个数为________，是哪些字符________。

5. 已知字母 a 的 ASCII 码为十进制数 97，且设 ch 为字符型变量，则表达式 ch='a' + '8'- ' 3'；的值为________。

6. 有一输入语句 scanf（"%d"，k）；则不能使 float 类型变量 k 得到正确数值的原因是________后面不是取址________，应该改为：________。

7. 已知一个八进制数：65231。求：它对应的二进制数：________；它对应的十六进制数：________。

8. 已知：int a = 10；int b = 3；float c = 4；则 a / b 的值为________，a / c 的值为________。

9. 写出：4，'4'，" 4" 的区别：____________________。

3 位运算的运用

3.1 案例引入——将一个十进制数转化为二进制数

3.1.1 任务描述

C语言标准输出函数只能将一个整数以十进制%d、八进制%o、十六进制%x输出，没有二进制输出格式。请使用位操作来实现将一个十进制整数以二进制形式输出。

3.1.2 任务目标

（1）能够用熟练掌握位运算符的操作。
（2）培养硬件控制领域中的处理能力。

3.1.3 源代码展示

```
#include <stdio.h>
int main()
{
    int i,bit;
    unsigned short n,mask;
    mask=0x8000;
    printf("请输入转换的十进制数:\n");
    scanf("%d",&n);
        printf("%d转换的二进制为:",n);
    for(i=0;i<16;i++)
    {
      if(i%4==0&&i!=0)
        printf(" ");          /*使用" "将4个二进制隔开以便查看*/
      bit=(n&mask)? 1:0;      /*n&mask非0,该位为1;否则该位为0*/
      printf("%d",bit);       /*输出1或者0*/
      n<<=1;                  /*右移1位,判断下一个位*/
    }
    printf("\n");
}
```

3.1.4　运行结果

程序的运行结果如图3-1所示。

图3-1　一个十进制数转化为二进制程序运行结果

3.1.5　程序分析

设置一个mask变量，其中只有最高位为1，其余为0，为1的位为测试位。用mask变量与被转换数进行按位与运算，根据运算结果判断被测试的位是1还是0。循环测试16位，然后输出的测试结果就是被测整数对应的二进制数。

3.1.6　知识讲解

C语言是为描述系统而设计的，因此它具有汇编语言所能完成的一些功能。C语言既具有高级语言的特点，又具有低级语言的功能，因而具有广泛的用途和很强的生命力。第7章介绍的指针运算和本章介绍的位运算都很适合编写系统软件，是C语言的重要特色。很多嵌入式系统、计算机在检测和控制领域中的应用都要用到位运算的知识，因此读者应该学习和掌握本章的内容。

3.2　位运算符

位运算是指进行二进制位的运算。在C语言中，位运算的对象只能是整型或字符型数据，不能是其他类型的数据。

C语言提供了6种位运算符，如表3-1所示。

表3-1　位运算符

位运算符	含义	优先级
~	按位取反	1（高）
<<	左移	2
>>	右移	2
&	按位与	3
^	按位异或	4
|	按位或	5（低）

以上位运算符中，只有按位取反运算符（~）为单目运算符，其余均为双目运算符。各

双目运算符与赋值运算符结合可以组成扩展的赋值运算符（位自反运算符），见表 3-2。

表 3-2 扩展的赋值运算符

扩展的赋值运算符	表达式	等价的表达式
<<=	a<<=2	a=a<<2
>>=	b>>=n	b=b>>n
&=	a&=b	a=a&b
^=	a^=b	a=a^b
|=	a|=b	a=a|b

3.3 位运算符的运算与应用

下面介绍 6 种位运算符的运算与应用。在进行位运算之前，把参加位运算对象的值转换为二进制数。

3.3.1 按位取反运算符

按位取反～是位运算中唯一的一个单目运算符，运算对象置于运算符的右边，其运算功能是把运算符对象的内容按位取反，即使每一位上的 0 变 1，1 变 0。例如：

a=00011010，～a=11100101

3.3.2 左移运算符

左移运算符<<用于将一个数的各个二进制位全部向左平移若干位（左边移出的部分忽略，右边补 0）。

若 a=15，即二进制数为 00001111，执行语句 A=a<<2，左移 2 位得 00111100，即十进制数 60。

左移 1 位相当于该数乘以 2，左移 2 位相当于该数乘以 4，但此结论只适用于该数左移时被溢出舍弃的高位中不包含 1 的情况。例如：

unsigned char a=26;　/* $(26)_{10}=(0001,1010)_2=(1A)_{16}$ */

a=a<<2;　/* $(0110\ 1000)_2=(68)_{16}=(104)_{10}$ */

左移比乘法运算快得多，有些编译程序自动将乘以 2 的运算用左移一位来实现，将乘 2 的幂运算处理为左移 n 位。

3.3.3 右移运算符

右移运算符>>用于将一个数的各个二进制位全部向右平移若干位（右边移出的部分忽略，右边对无符号数补 0，有符号数补符号位）。

每右移 1 位，相当于除 2，左移 n 位相当于除 2n。例如：

```
unsigned char a=0x9a;/*(9a)16=(154)10=(1001 1010)2*/
a=a>>2;              /*(0010 0110)2=(26)16=(38)10*/
```

3.3.4 按位与运算符

按位与运算符 & 将其两边数据对应的二进制位按位进行与运算。二者全为 1 结果为 1，否则为 0。例如：

a=01011111(0x5F)

b=01101010(0x6A)

a&b=01001010 (0x4A)

结论：与 1 按位与为 1，那么该位为 1；与 1 按位与为 0，那么该位为 0。与 1 按位与可用于检测某个位是 1 还是 0。

按位与还有下列特殊用途。

(1) 清零。如果想将一个单元清零，即使其全部二进制位为 0，只要找一个二进制数，其中各个位符合以下条件：原来的数中为 1 的位，新数中相应的位为 0，其他位不考虑，然后使二者进行 & 运算，即可达到清零的目的。

例如，原数为：01001011，另找一个数，设它为 10110100，它符合以上条件，即原数为 1 的位，新数的相应位为 0，将这两个数进行 & 运算。

```
  01001011
& 10110100
----------
  00000000
```

当然也可以不用 10110100 这个数而用其他的数（如 00110100），只要符合条件即可。

(2) 取一个数中某些指定位。若有一个整数 a（2 字节），想取其中的低字节数，只需将 a 与（0x00FF）按位与即可。若想取两字节中的高字节，只需 a 与（0xFF00）按位与即可。

(3) 要想将哪一位保留下来，就与一个数进行 & 运算，此数在该位取 1，其余位为 0。例如，有一个数 11111111，想把第 2、第 4 位保留下来，可进行如下运算。

```
  11111111
& 00010100
----------
  00010100
```

3.3.5 按位或运算符

按位或运算符" | " 将其两边数据对应的二进制位按位进行或运算。二者只要有一个为 1 结果为 1；否则为 0（两者都为 0 时为 0）。

```
  00111001
| 10010101
----------
  10111101
```

结论：与 0 按位或为 1，那么该位为 1；与 0 按位或为 0，那么该位为 0。就是说任何位与 0 按位或还是等于这一位（保持不变）。

按位或运算常将一个数据的某些位定值为 1。例如，a 是一个整数（16 位），有表达式 a | 0xFF，则低 8 位值全为 1，高 8 位保留原样。

3.3.6　按位异或运算符

按位异或运算符也称 XOR 运算符。将其两边数据对应的二进制位按位进行异或运算，若二者相同，结果为 0，若二者不同（相异），结果为 1。

```
  00111001
^ 10010101
----------
  10101100
```

结论：任何位与 1 按位异或，等价于对该位取反。下面说明运算符的应用：

（1）使特定位翻转

假设有 00111001，想使其低 4 位翻转，即 1 变为 0，0 变为 1，可以将它与 00001111 进行异或运算，即

```
  00111001
^ 00001111
----------
  00110110
```

结果值的低 4 位正好是原数低 4 位的翻转。要使哪几位翻转就将与其进行·运算的那几位置为 1 即可。

（2）与 0 进行运算，保留原值例如，00111001^00000000＝0x39。

```
  00111001
^ 00000000
----------
  00111001
```

（3）交换两个值，不用临时变量

假如要将 a 和 b 的值交换，可以用以下赋值语句来实现。

```
a=a^b;
b=a^b;
a=a^b;
```

3.4　等级考试重难点讲解与真题解析

本模块主要考查常用位运算符的使用。通过对历年试卷内容的分析，本模块属于非重点考查内容。但只要了解位运算符的基本概念及使用，掌握简单的位运算即可。此部分知识点多出现在笔试考核中，上机试题中一般不会出错。

3.4.1　重点、难点解析

位运算是一种对运算对象按二进制位进行操作的运算。位运算不允许只操作其中的某一位，而是对整个数据按二进制位进行运算。位运算的对象只能是整型数据（包括字符型），运算结果仍是整型数据。

位运算符分为位逻辑运算符（按位求反～、按位与＆、按位或｜、按位异或^）位移位运算符（左移＜＜、右移＞＞）和位自反赋值运算符（自反位与赋值＆＝、自反位或赋值｜＝、自反位异或赋值^＝、自反位左移赋值＜＜＝、自反位右移赋值＞＞＝）三种。

3.4.2 真题解析

1. 设有定义语句“char c1=92，c2=92;”，则以下表达式中值为0的是（　　）。[2004年9月]

A. c1^c2　　B. c1&c2　　C. ~c2　　D. c1 | c2

解析：异或运算符^是将其两个数据对应的二进制位按位进行异或运算，若二者相同，结果为0，若二者不同，结果为1。因为c1=c2，两个数据对应的二进制位都相同，所以c1c2的二进制位都为0。

答案 A

2. 有以下程序。

```
int r=8;
printf("%d\n",r>>1);
```

程序的运行结果是（　　）。[2009年9月]

A. 16　　B. 8　　C. 4　　D. 2

解析：右移运算符>>的功能是将一个数的各个二进制位全部向右平移若干位。r>>1的作用是将8的各个二进制位向右移动1位，相当于除以2，所以答案为4。

答案 C

3. 有以下程序。

```
#include <stdio.h>
int main()
{
    char a=4;
    printf("%d\n",a=a<<1);
}
```

程序的运行结果是（　　）。[2008年9月]

A. 40　　B. 4　　C. 8　　D. 16

解析：左移运算符<<的功能是将一个数的各个二进制位全部向左平移若干位。a<<1的作用是将4的各个二进制位向左移动1位，相当于乘以2，所以答案为8。

答案 C

3.5 思考与练习

3.5.1 选择题

1. 已知小写字母a的ASCII码为97，以下程序段的结果是（　　）。

```
unsigned int a=32,b=68;
printf("%C",a=a|b);
```

A. b　　B. 98　　C. d　　D. 100

2. 以下程序段的输出结果是（　　）。

```
char a=111;
a=a^0;
printf("%d,%o",a,a);
```

A. 111，57　　B. 0，0　　C. 20，24　　D. 7，7

3. 有以下程序。

```
int main()
{
    char a=040;
    printf("%d\n",a=a<<1);
}
```

程序运行后输出结果是（　　）。

A. 100　　B. 160　　C. 120　　D. 64

4. 有以下程序段。

```
int a=3,b=4;
a=a^b; b=b^a;a=a^b;
```

执行以上语句后，a 和 b 的值分别是（　　）。

A. a=3，b=4　　B. a=4，b=4　　C. a=4，b=3　　D. a=3，b=3

5. 有以下程序。

```
int main()
{
    int a=35;
    char b= 'A';
    printf("%d\n",(a&15)&&(b< 'a'));
}
```

程序运行后的输出结果是（　　）。

A. 0　　B. 1　　C. 2　　D. 3

3.5.2 填空题

1. 设 x=10100011，若要通过运算 x^y 使 x 的低 4 位取反，高 4 位不变，则变量 y 的二进制数是____________。

2. k 是任意整数，能将变量 k 清零的表达式是____________。

3. k 是八进制数 07101。能将变量 k 中的各二进制位均置 1 的表达式是____________。

4. 有定义“char a，b;”，若想通过 a&b 保留 a 的第 3 位和第 6 位，则 b 的二进制数应是____________。

5. 运用位运算，能将字符型变量 ch 中的大写字母转换成小写字母的表达式是____________。

4 九条语句

4.1 案例引入——成绩管理系统中的成绩处理

4.1.1 任务描述

根据输入的学生成绩输出对应成绩的等级。

4.1.2 任务目标

(1) 能够用逻辑表达式描述客观条件。
(2) 掌握选择结构语句。

4.1.3 源代码展示

1. 源代码展示

```
#include<stdio.h>

void main()/*主函数*/
{
    float score = 0;

    printf("请输入学生的成绩=");
    scanf("%f",&score);        /*输入学生的成绩*/
    if(score>=90 && score <=100)
        printf("该学生的成绩为优秀\n");
    else if(score>=80 && score<90)
        printf("该学生的成绩为良好\n");
    else if(score>=70 && score<80)
        printf("该学生的成绩为中等\n");
    else if(score>=60 && score<70)
        printf("该学生的成绩为及格\n");
    else if(score>=0 && score<60)
        printf("该学生的成绩为不及格\n");
}
```

2. 运行结果

程序的运行结果，如图 4-1 所示。

95.5 ↙

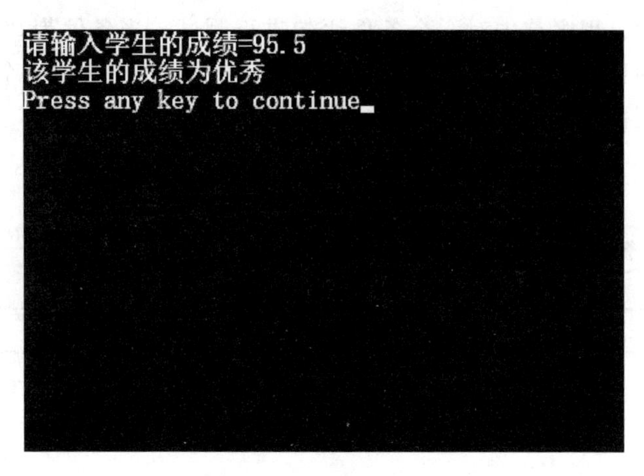

图 4-1 程序的运行结果

3. 程序分析

本程序由主函数 main 函数构成，首先在 main 函数里运用 printf 函数显示请输入学生的成绩，其次通过 scanf 函数进行数据的输入，接着对输入的数据进行判断，若为 90～100 分区间则判定成绩为优秀，若为 80～90 分区间则判定成绩为良好，若为 70～80 分区间则判定成绩为中等，若为 60～70 分区间则判定成绩为及格，若为 60 分以下则判定成绩为不及格。

4. 知识讲解

嵌入式 C 语言是结构化编程语言。结构化语言的基本元素是模块，它是程序的一部分，只有一个出口和一个入口，不允许有偶然的中途插入或从模块的其他路径退出。结构化编程语言在没有妥善保护或恢复堆栈和其他相关的寄存器之前，不应随便跳入或跳出一个模块。因此，使用这种结构化语言进行编程，当需要退出中断时，堆栈不会因为程序使用了任何可以接收的命令而崩溃。结构化程序由若干模块组成，每个模块中包含着若干个基本结构，而每个基本结构中可以有若干条语句。归纳起来，嵌入式 C 语言程序有顺序结构、选择结构、循环结构共三种结构。

4.2 顺序结构

顺序结构是一种最基本、最简单的编程结构。在这种结构中，程序由低地址向高地址顺序执行指令代码，如图 4-2 所示。程序首先执行 A 操作，再执行 B 操作，二者是顺序执行的关系。

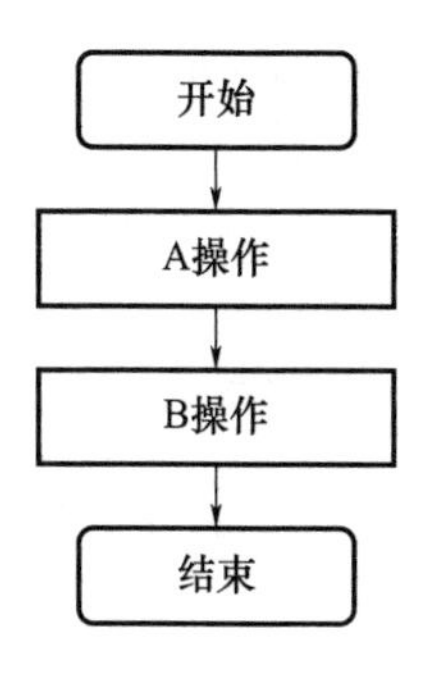

图 4-2 顺序结构流程图

4.3 选择结构

在选择结构中，程序首先对一个条件语句进行测试。当条件为“真”（True）时，执行一个方向上的程序流程；当条件为“假”（False）时，执行另一个方向上的程序流程，分支程序有三种基本形式，如图 4-3 所示。

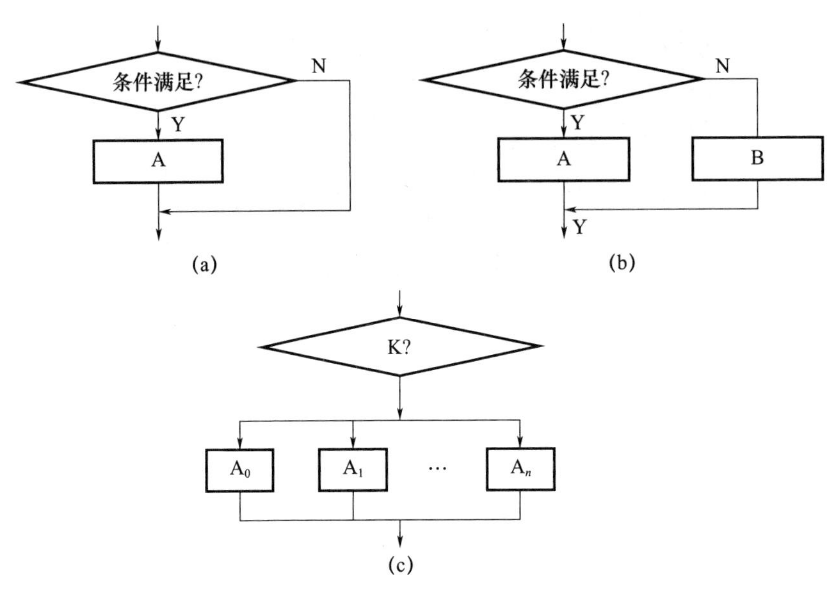

图 4-3　分支程序结构流程图

4.3.1 if 语句

嵌入式 C 语言的 if 语句有以下三种基本形式。

（1）基本形式 if（表达式）语句。

其语义是：如果表达式的值为真，则执行其后的语句，否则不执行该语句。其过程可用，如图 4-3（a）表示。

【例 4-1】　比较两个整数，max 为其中的大数。

```
int main(void)
{
    int a,b,max ;
    max=a ;
    if(max<b)
    {
        max=b ;
    }
}
```

（2）if…else 形式。

```
if(表达式)
    语句 1;
else
        语句 2;
```

其语义是：如果表达式的值为真，则执行语句 1，否则执行语句 2 。其过程可用图 4-3（b)表示。

【例 4-2】 比较两个整数，max 为其中的大数。改用 if…else 语句判别 a、b 的大小，若 a 大，则输出 max=a，否则输出 max=b。

```
int main(void)
{
    int a,b,max ;
    if(a>b)
    {
        max=a ;
    }
    else
    {
        max=b ;
    }
}
```

（3）if…else…if 形式。

前两种形式的 if 语句一般都用于两个分支的情况。当有多个分支可以选择时，则可采用 if…else…if 语句，其一般形式如下：

```
if(表达式 1)
    语句 1;
else if(表达式 2)
    语句 2;
else if(表达式 3)
    语句 3;
        …
else if(表达式 m)
    语句 m;
else
    语句 n;
```

其语义是：依次判断表达式的值，当出现某个值为真时，则执行其对应的语句，然后跳到整个 if 语句之外继续执行程序；如果所有的表达式均为假，则执行语句 n，然后继续执行后续程序。其过程可用图 4-4 表示。

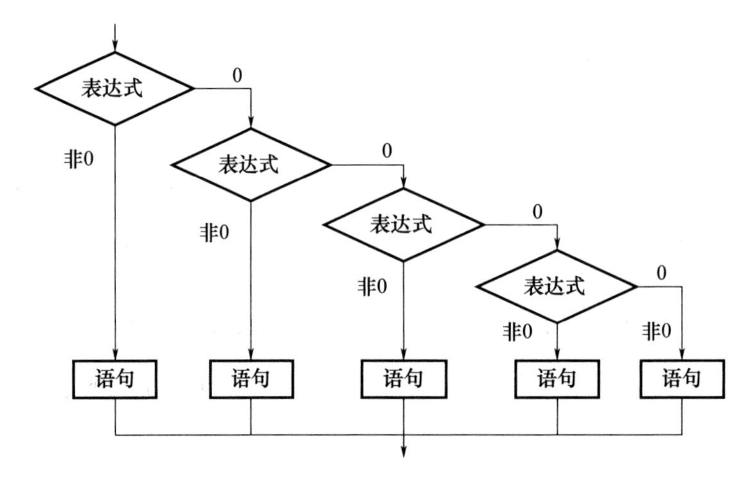

图 4-4　if…else…if 形式流程图

【例 4-3】　if 语句实例。

```
#include "stdio.h"
int main(void)
{
    unsigned int a,b;
    if(a>b)
    {
        a++;
        b++;
    }
    else
    {
        a=0 ;
        b=10 ;
    }
    printf("%d,%d\n",a,b);
}
```

执行结果：0，10

4.3.2　switch—case 语句

switch 语句的一般形式如下：

```
switch(表达式)
{
    case 常量表达式 1：语句 1；
    case 常量表达式 2：语句 2；
    …
    case 常量表达式 n：语句 n；
```

```
    default：语句n+1；
}
```

其语义是：计算表达式的值，并逐个与其后的常量表达式值比较，当表达式的值与某个常量表达式的值相等时，即执行其后的语句，然后不再进行判断，继续执行后面所有 case 后面的语句；当表达式的值与所有 case 后面的常量表达式均不相同时，则执行 default 后的语句。其过程可如图 4-3（c）表示。

【例 4-4】 switch 语句实例。

```
#include "stdio.h"
int main()
{
    char dat;
    dat=3;
    switch(dat)
    {
        case 0:printf("Sunday\t");
        case 1:printf("Monday\t");
        case 2:printf("Tuesday\t");
        case 3:printf("Wednesday\t");
        case 4:printf("Thursday\t");
        case 5:printf("Friday\t");
        case 6:printf("Saturday\t");
    }
}
```

执行结果：Wednesday Thursday Friday Saturday

【例 4-5】 switch—case—break 语句实例。

```
#include "stdio.h"
int main()
{
    char dat;
    dat=3;
    switch(dat)
    {
        case 0:printf("Sunday\t");break;
        case 1:printf("Monday\t");break;
        case 2:printf("Tuesday\t");break;
        case 3:printf("Wednesday\t");break;
        case 4:printf("Thursday\t");break;
        case 5:printf("Friday\t");break;

        case 6:printf("Saturday\t");break;
    }
}
```

执行结果：Wednesday

【例 4-6】 switch—case—break—default 语句实例。

```
#include "stdio.h"
int main()
{
    char dat;
    dat=8;
    switch(dat)
    {
        case 0:printf("Sunday\t");break;
        case 1:printf("Monday\t");break;
        case 2:printf("Tuesday\t");break;
        case 3:printf("Wednesday\t");break;
        case 4:printf("Thursday\t");break;
        case 5:printf("Friday\t");break;
        case 6:printf("Saturday\t");break;
        default: printf("get a worng number\t");break;
    }
}
```

执行结果：get a worng number

在使用 switch 语句时还应注意以下几点。

（1）在 case 后的各常量表达式的值不能相同，否则会出现错误。

（2）在 case 后，允许有多个语句，可以不用“{}”括起来。

（3）各 case 和 default 语句的先后顺序可以变动，而不会影响程序执行结果。

（4）default 语句可以省略不用。

注意：break 语句（请参考 4.5.1 章节），用于跳出 switch 语句。break 语句只有关键字 break，没有参数。在每个 case 语句之后增加 break 语句，使每一次执行之后均可跳出 switch 语句，从而避免输出不应有的结果。详情可参考例 4-5。

4.4 循环结构

程序设计中，常常要求某一段程序重复执行多次，这时可采用循环结构程序。这种结构可大大简化程序，但程序执行的时间并不会减少。循环程序的结构流程图如图 4-5 所示。

如图 4-5（a）所示，是典型的“当型”循环结构，控制语句在循环体之前，所以在结束条件已具备的情况下，循环体程序可以一次也不执行。嵌入式 C 语言提供了 while 和 for 语句实现这种循环结构。

如图 4-5（b）所示的循环结构，其控制部分在循环体之后，因此，即使在执行循环体程序之前结束条件已经具备，循环体程序也至少还要执行一次，故称为“直到型”循环结构。嵌入式 C 语言提供了 do…while 语句实现这种循环结构。

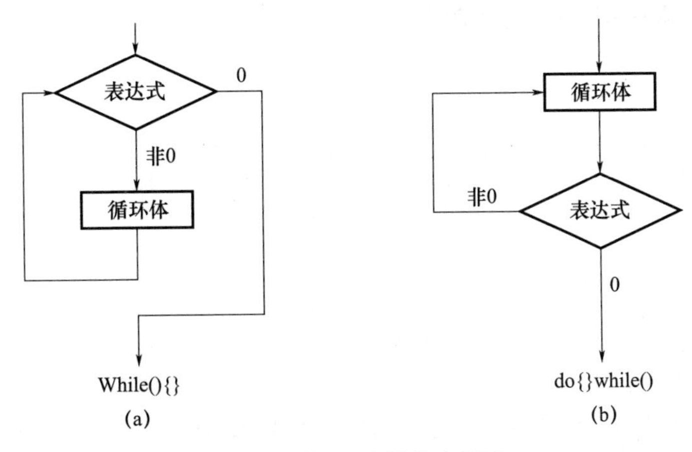

图 4-5 循环程序结构流程图

4.4.1 while 语句

while 语句的一般形式如下：

```
while(表达式) 语句;
```

其中，表达式是循环条件，语句为循环体。

while 语句的语义是：计算表达式的值，当值为真（非 0）时，执行循环体语句。其执行过程可用图 4-5（a）表示。

使用 while 语句应注意以下几点。

（1）while 语句中的表达式一般是关系表式或逻辑表达式，只要表达式的值为真（非 0）即可继续循环。

（2）循环体如包括有 1 条以上的语句，则必须用 {} 括起来，组成复合语句。

（3）应注意循环条件的选择，以避免死循环。

4.4.2 do…while 语句

do…while 语句的一般形式如下：

```
do
  {
   语句;
  } while(表达式);
```

其中，语句是循环体，表达式是循环条件。

do…while 语句的语义是：首先执行循环体语句一次，再判别表达式的值，若为真（非 0）则继续循环，否则终止循环。

do…while 语句和 while 语句的区别有以下几点：

（1）do…while 语句是先执行后判断，因此 do…while 至少要执行一次循环体。

（2）while 语句是先判断后执行，如果条件不满足，则循环体语句一次也不执行。

while 语句和 do…while 语句一般都可以相互改写。

【例 4-7】 do…while 语句实例。

```
int main(void)
{
    unsigned int a=1;
    unsigned char x=1;
    do
    {
      x=x+1;
    }while(a);
}
```

执行结果：如果 a=0，那么 x=2；如果 a 不为 0，如为 1，则 x 值不确定。

4.4.3 for 语句

for 语句的一般形式如下：

for（[变量赋初值]；[循环继续条件]；[循环变量增值]）

{ 循环体语句组；}

其执行流程如图 4-6 所示。

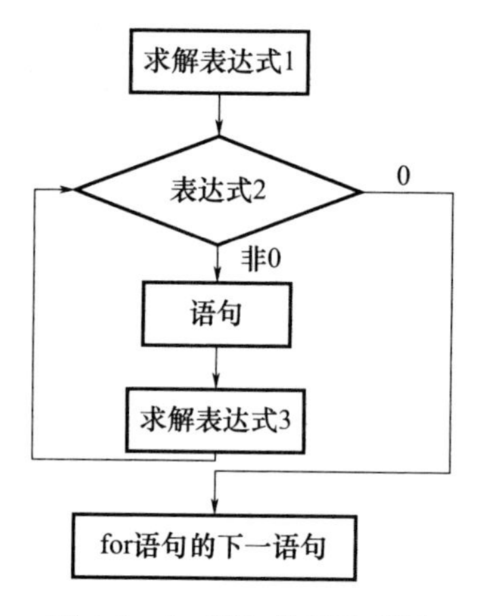

图 4-6 for 语句执行流程图

for 语句的执行过程如下：

（1）求解“变量赋初值”表达式 1。

（2）求解“循环继续条件”表达式 2。如果其值非 0，执行步骤（3）；否则，转至步骤（4）。

（3）执行循环体语句组，并求解“循环变量增值”表达式 3，然后转向步骤（2）。

（4）执行 for 语句的下一条语句。

应当注意如下几个问题：

（1）“变量赋初值”“循环继续条件”和“循环变量增值”部分均可省略，甚至全部省略，但其间的分号不能省略。

（2）当循环体语句组仅由一条语句构成时，可以不使用复合语句形式。

(3)“循环变量赋初值”表达式 1，既可以是给循环变量赋初值的赋值表达式，也可以是与此无关的其他表达式（如逗号表达式）。

(4)“循环继续条件”部分是一个逻辑量，除一般的关系（或逻辑）表达式外，还允许是数值（或字符）表达式。

for 语句中的各表达式都可省略，但分号间隔符不能少。例如：

```
for(;表达式;表达式);          //省略了表达式 1
for(表达式;;表达式);          //省略了表达式 2
for(表达式;表达式;);          //省略了表达式 3
for(;;);                      //省略了全部表达式
```

在循环变量已赋初值后，可省略表达式 1。如果省略表达式 2 或表达式 3 则将造成无限循环，这时应在循环体内设法结束循环。

【例 4-8】 for 语句实例。

```
#include "stdio.h"
int main(void)
{
    unsigned char x=1,z=1,y,i;

    for(i=0;i<2;i++)
    {
      x=x+1;
    }
    z=z+1;
    y=x;
    printf("%d,%d,%d\n",x,y,z);
}
```

执行结果：3，3，2

例 4-8 程序流程图，如图 4-7 所示。

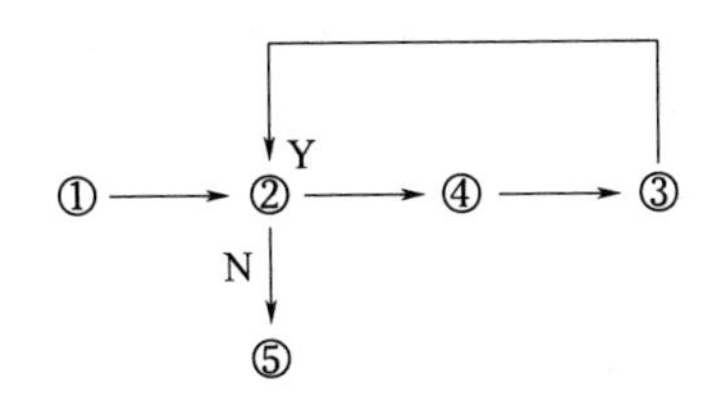

图 4-7 程序流程图

4.4.4 循环嵌套

如果循环语句的循环体内又包含另一个完整的循环结构，则称为循环的嵌套。循环嵌套的概念对所有高级语言都是一样的。

for 语句和 while 语句都允许嵌套，do…while 语句也不例外。

【例 4-9】 for 语句实例。

```
#include "stdio.h"
int main(void)
{
    int i,j,x=0;
    for(i=0;i<10;i++)
    {
        for(j=0;j<10;j++)
        {
            x=x+1;
        }
    }
    printf("%d\n",x);
}
```

4.5 流向控制语句

如果需要改变程序的正常流向，则可以使用本节介绍的转移语句。C语言提供了四种转移语句，包括break，continue，goto和return。其中，return语句只能出现在被调函数中，用于返回主调函数。

4.5.1 break语句

break语句只能用在switch语句或循环语句中（仅能用于for，while，do…while循环语句），其作用是跳出switch语句或跳出本层循环，转去执行后面的程序。由于break语句的转移方向是明确的，所以不需要语句标号与之配合。如与if直接连用跳出if以外的一层语句。

break语句的一般形式如下：

```
break;
```

注意：break语句只能用于switch—case—break和循环语句!

【例4-10】 break语句实例。

```
#include "stdio.h"
int main(void)
{
    unsigned char a=1,b=1;
    unsigned int n;
    for(n=1;n<3;n++)
    {
        a=a+1;
        break;            //直接跳出for。不再执行"b=b+1;"语句
        b=b+1;
    }
```

```
    while(1)
    {
        ++b;
        if( b >= 2 )      //当 b 等于 2 时,if 条件满足
        break;            //跳出 while,即跳出 if 以外的一层语句
    }
    printf("a= %d,b= %d\n",a,b);
}
```

执行结果：a=2，b=2

4.5.2 continue 语句

continue 语句只能用在循环体中（仅能用于 for，while，do…while 循环语句），其一般格式如下：

```
continue;
```

其语义是：结束本次循环，即不再执行循环体中 continue 语句之后的语句，转入下一次循环条件的判断与执行。应注意的是，本语句只结束本层本次的循环，并不跳出循环。

【例 4-11】 continue 语句实例。

```
#include "stdio.h"
int main(void)
{
    unsigned char a=1,b=1;
    unsigned int n ;
    for(n=0;n<2;n++)
    {
        a=a+1 ;
        continue ;
        b=b+1 ;
    }
    printf("a= %d,b= %d\n",a,b);
}
```

执行结果：a=3，b=1

4.5.3 goto 语句

goto 语句也称为无条件转移语句，其一般格式如下：

```
goto 语句标号;
```

其中，语句标号是按标识符规定书写的符号，放在某一语句行的前面，标号后加冒号“:”。语句标号起标识语句的作用，与 goto 语句配合使用。在结构化程序设计中一般不主张使用 goto 语句，以免造成程序流程的混乱。

【例 4-12】 goto 语句实例。

```
#include "stdio.h"
int main(void)
{
    unsigned char a=1,b=1;
    unsigned int n ;
    for(n=0;n<2;n++)
    {
        a=a+1 ;
        goto VIP;          //VIP 语句标号,可自由命名
        b=b+1 ;
    }
    VIP:                   //由上边的 goto 处,直接跳转到此处执行
        printf("a=%d,b=%d\n",a,b);
}
```

执行结果：a=2，b=1

4.5.4 return 语句

return 语句仅用于被调用函数的返回。

【例 4-13】 return 语句实例。

```
#include "stdio.h"
char max(int a,int b)
{
    int C;
    if(a>b){C=a;}
    else  {C=b;}
    return C;
}
void main()
{
    int k;
    k=max(10,18);
    printf("k=%d\n",k);
}
```

执行结果：k=18

4.6 等级考试重难点讲解与真题解析

本节主要从历次等级考试的真题来分析。从历次等级考试的真题来看，本节主要考查选择结构和循环结构，是考题的重点内容之一。

4.6.1 重点、难点解析

1. 选择结构

在选择结构中，程序首先对一个条件语句进行测试。当条件为“真”（True）时，执行一个方向上的程序流程；当条件为“假”（False）时，执行另一个方向上的程序流程，分支程序有三种基本形式，如图 4-3 所示。

使用 if 语句应注意以下几个问题：

（1）在三种形式的 if 语句中，if 关键字之后均为表达式。该表达式通常是逻辑表达式或关系表达式，但也可以是其他表达式，如赋值表达式等，甚至也可以是一个变量。

例如，if（a=5），if（b）这样的形式都是允许的。只要表达式的值为非 0，即为“真”。在 if（a=5）语句中，表达式的值永远为非 0，所以其后的语句总是要执行的，当然这种情况在程序中不一定会出现，但在语法上是合法的。

（2）在 if 语句中，条件判断表达式必须用括号括起来，在语句之后必须加分号。

（3）在 if 语句的三种形式中，所有的语句应为单个语句，如果要想在满足条件时执行一组（多个）语句，则必须把这一组语句用“{}”括起来组成一个复合语句。但要注意的是，在“}”之后不能再加分号。

2. 循环结构

循环程序一般包括如下四个部分。

（1）初始化：置循环初值，即设置循环开始的状态，如设置地址指针、设定工作寄存器、设定循环次数等。

（2）循环体：这是要重复执行的程序段，是循环结构的基本部分。

（3）循环控制：循环控制包括修改指针、修改控制变量和判断循环是结束还是继续。修改指针和变量是为下一次循环判断做准备，当符合结束条件时，结束循环；否则，继续循环。

（4）结束：存放结果或做其他处理。

在循环程序中，有以下两种常用的控制循环次数的方法：

① 循环次数已知，这时把循环次数作为循环计算器的初值，当计数器的值加满或减为 0 时，即结束循环；否则，继续循环。

② 循环次数未知，这时可根据给定的问题条件来判断循环是否继续。

4.6.2 真题解析

1. if 语句的基本形式是：if（表达式）语句，以下关于“表达式”值的叙述中正确的是（　　）。[2011 年 3 月]

A. 必须是逻辑值　　　　B. 必须是整数值

C. 必须是正数　　　　D. 可以是任意合法的数值

答案：D

解析：if（表达式）语句中的表达式是逻辑表达式，逻辑运算符两侧的对象可以是任何类型的数据。

2. 设有定义“int a=1，b=2，c=3;”以下语句中执行结构与其他 3 个不同的是

（　　）。[2009年9月]

A. if (a>b) c=a，a=b，b=c;　　B. if (a>b) {c=a，a=b，b=c;}

C. if (a>b) c=a；a=b；b=c;　　D. if (a>b) {c=a；a=b；b=c;}

答案：C

解析：C选项中因为a<b，所以不执行c=a，然后按顺序执行a=b；b=c。所以C的执行结构为a=2，b=3，c=3。ABD的值均为2，1，1。

3. 若有定义语句“int a，b；double x;”，则下列选项中没有错误的是（　　）。[2010年9月]

A. switch (x%2)
```
{
    case 0 : a++; break;
    case 1 : b++; break;
    default : a++; b++;
}
```
B. switch ((int) x%2.0)
```
{
    case 0 : a++; break;
    case 1 : b++; break;
    default : a++; b++;
}
```
C. switch ((int) x%2)
```
{
    case 0 : a++; break;
    case 1 : b++; break;
    default : a++; b++;
}
```
D. switch ((int) (x)%2)
```
{
    case 0.0 : a++; break;
    case 1.0 : b++; break;
    default : a++; b++;
}
```
答案：C

解析：switch括号内的表达式的值必须为有序类型，case后面必须是对应类型的常量表达式。

4. 有以下程序

```
int main()
{
int y=10;
```

```
while(y--);
printf("y=%d\n",y);
```

} 程序运行后的输出结构是（　　）。[2006 年 4 月]

A. y=0　　　　B. y=-1

C. y=1　　　　D. while 构成无限循环

答案：B

解析：这里的 while 语句中循环体是空语句，一直执行到 y=0 时退出循环，但由于--在后，退出循环后，y 还得由 0 自减 1 得-1。

5. 若 i 和 k 都是 int 类型变量，有以下 for 语句。

```
for(i=0,k=-1;k=1;k++)
printf("*****\n");
```

下面关于语句执行情况的叙述中正确的是（　　）[2011 年 3 月]

A. 循环体执行两次　　　　B. 循环体执行一次

C. 循环体一次也不执行　　　　D. 构成无限循环

答案：D

解析：在这个语句中 for 循环的终结条件是 k=1，是一个赋值语句，所以永远为真。

4.7 思考与练习

4.7.1 选择题

1. 在 while 语句中，循环体（　　）。

A. 可以是空语句　　　　B. 必须是复合语句

C. 必须包含 if 语句　　　　D. 必须是赋值语句

2. 关于 do-while 语句，下列说法正确的是（　　）。

A. 当表达式的值为非零时不执行循环体

B. 循环体至少被执行一次

C. 当表达式的值为零时循环体一次也不执行

D. 循环体仅被执行一次

3. 关于 break 和 continue 语句，下列说法正确的是（　　）。

A. 在循环体中可以用 break 语句结束本次循环

B. 在循环体中可以用 continue 语句结束本次循环

C. break 语句仅能使用在 switch 结构中

D. 可以使用 continue 语句跳出 switch 结构

4. 设 int m=5，n=1，语句 while（m）n--=2；的循环体执行次数是（　　）。

A. 0　　　　B. 1

C. 2　　　　D. 无限

4.7.2 填空题

1. 下面程序的运行结果是____________。

```
int x=y=0;
while(x<15)
{
  y++;
  x+=++y;
}
printf("%d,%d",y,x);
```

2. 下面程序的运行结果是____________。int n=0; while (n++<=2) {

```
printf("%d",n);}
```

3. 下面程序的输出结果是____________。int x=3; do {

```
printf("%d,"x-=2);}while(! (--x));
```

5 函　数

5.1　案例引入——商品管理系统的模块化编程

5.1.1　任务描述

编写录入商品信息函数和显示商品信息函数。

5.1.2　任务目标

(1) 能够掌握函数的基本概念和应用方法。
(2) 能够明确函数间的数据传递方法。
(3) 能够对实际问题分析后进行模块化编程。

5.1.3　源代码展示

```
#include<stdio.h>

void in()/*录入商品信息*/
{
    int i,m=0;/*m是记录的条数*/
    char ch[2];
    FILE *fp;/*定义文件指针*/
    if((fp=fopen("data","ab+"))==NULL)/*打开指定文件*/
    {
        printf("不能打开文件! \n");
        return;
    }
    while(!feof(fp))
    {
        if(fread(&comm[m],LEN,1,fp)==1)
            m++;/*统计当前记录条数*/
    }
    fclose(fp);
    if(m==0)
```

```
    printf("没有找到! \n");
else
{
    system("cls");
    show();/* 调用 show 函数,显示原有信息 */
}
if((fp=fopen("data","wb"))==NULL)
{
    printf("不能打开文件! \n");
    return;
}
for(i=0;i<m;i++)
    fwrite(&comm[i] ,LEN,1,fp);/* 向指定的磁盘文件写入信息 */
printf("是否输入? (y/n):");
scanf("%s",ch);
while(strcmp(ch,"Y")==0||strcmp(ch,"y")==0)/* 判断是否要录入新信息 */
{
    printf("编号:");
    scanf("%d",&comm[m].num);/* 输入商品编号 */
    for(i=0;i<m;i++)
        if(comm[i].num == comm[m].num)
        {
        printf("该记录已经存在,按任意键继续!");
            getch();
            fclose(fp);
            return;
        }
    printf("商品名:");
    scanf("%s",comm[m].name);   /* 输入商品名 */
    printf("单价:");
    scanf("%lf",&comm[m].price);   /* 输入商品单价 */
    printf("数量:");
    scanf("%lf",&comm[m].count);   /* 输入商品数量 */
    comm[m].total=comm[m].price * comm[m].count;   /* 计算出总金额 */
    if(fwrite(&comm[m],LEN,1,fp)! =1)   /* 将新录入的信息写入指定的磁盘文件 */
    {
        printf("不能保存!");
        getch();
    }
    else
    {
        printf("%s 已经保存! \n",comm[m].name);
        m++;
```

```
        }
        printf("是否继续？(y/n):");/*询问是否继续*/
        scanf("%s",ch);
    }
    fclose(fp);
    printf("OK! \n");
}

void show()  /*显示商品信息*/
{
    FILE *fp;
    int i,m=0;
    fp=fopen("data","ab+");
    while(! feof(fp))
    {
        if(fread(&comm[m],LEN,1,fp)==1)
            m++;
    }
    fclose(fp);
    printf("编号  商品名称    单价    数量    总金额\t\n");
    for(i=0;i<m;i++)
    {
        printf(FORMAT,DATA);/*将信息按指定格式打印*/
    }
}
```

5.1.4 运行结果

程序的运行结果如图 5-1 和图 5-2 所示。

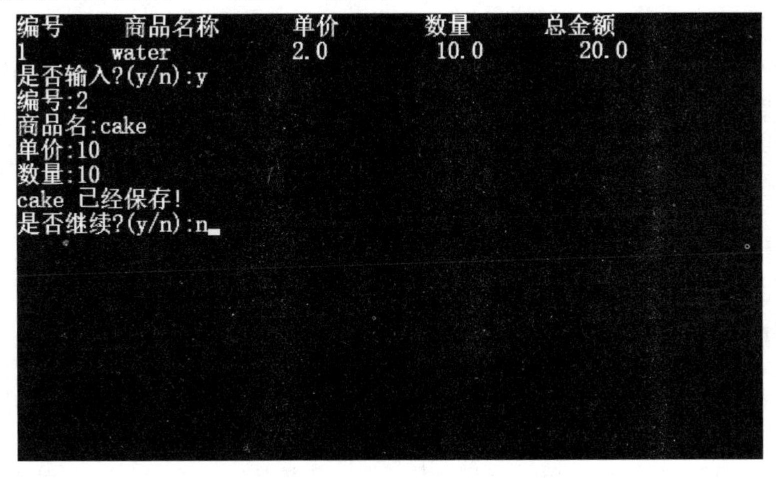

图 5-1 录入商品信息程序运行结果

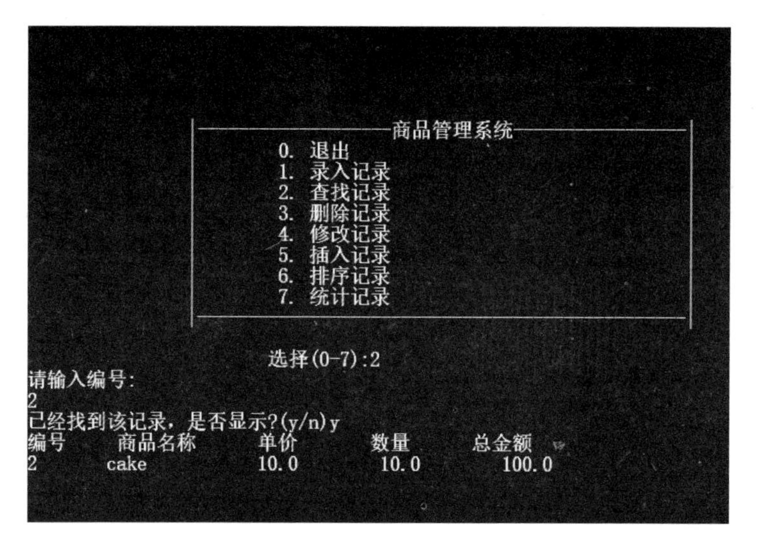

图 5-2　显示商品信息程序运行结果

5.1.5　程序分析

本程序由录入商品信息函数和显示商品信息函数构成，在录入商品信息函数中首先打开指定的文件统计当前记录的条数，判断是否要录入新信息，接着录入商品编号、商品名、商品单价、商品数量。计算出总金额，再把新录入的信息写入文件，并询问是否继续录入。在显示商品信息函数中调用 printf 函数将录入的商品信息按照指定的格式显示出来。

5.1.6　知识讲解

函数是用于完成特定任务的程序代码的自包含单元，是一系列 C 语句的集合，是为了完成某个会重复使用的特定功能而创建的。嵌入式 C 语言中的所有函数与变量一样，在使用之前必须声明。所谓声明是指说明是什么类型的函数，一般库函数的声明都包含在相应的头文件＜*.h＞中。例如，标准输入输出函数包含在“stdio.h”中，非标准输入输出函数包含在“io.h”中。在使用库函数时，必须首先知道该函数包含在什么样的头文件中，在程序的开头用#include ＜*.h＞或#include" *.h" 说明。只有这样程序才会编译通过。

5.2　函数声明

函数声明形式如下：

```
函数类型  函数名(数据类型  形式参数, 数据类型  形式参数,……);
```

其中，函数类型是该函数返回值的数据类型，可以是以前介绍的整型（int）、长整型（long）、字符型（char）、单浮点型（float）、双浮点型（double）及无值型（void），也可以是指针（包括结构指针）。无值型表示函数没有返回值。

函数名为嵌入式C语言的标识符，小括号中的内容为该函数的形式参数说明。

可以只有数据类型而没有形式参数，也可以两者都有。

对于经典的函数说明没有参数信息。

例如：

```
int putlll(int x,int y,int z,int color,char * p) /* 说明一个整型函数 */
long num(void);                                   /* 说明一个长整型函数 */
char * name(void);                                /* 说明一个字符串指针函数 */
float score(void);                                /* 说明一个单浮点型函数 */
double score(void);                               /* 说明一个双浮点型函数 */
void student(int n, char * str);                  /* 说明一个无返回值的函数 */
```

注意：如果一个函数类型没有声明就被调用，则编译程序并不认为出错，而是将此函数默认为整型（int）函数。因此，当一个函数返回其他类型，又没有事先说明时，编译时就会出错。

5.3　函数定义

函数定义就是确定该函数完成什么功能，以及怎样运行，相当于其他语言的一个子程序。

嵌入式C语言对函数的定义采用ANSIC规定的方式，即

```
函数类型　函数名(数据类型　形式参数,数据类型 形式参数,……)
{
    函数体;
}
```

函数定义如图5-3所示。

```
/*函数类型*/  /*函数名*/  /*数据类型*/   /*形式参数*/
    int          sum       (  int             a,          int b  )
{
    /*函数体*/
    return  a+b;
}
```

图5-3　函数定义

其中，函数类型和形式参数的数据类型为嵌入式C语言的基本数据类型。

函数体为C语言提供的库函数和语句及其他用户自定义函数调用语句的组合，并包括在一对花括号“{ }”中。需要指出的是，一个程序必须有一个主函数，其他用户定义的子函数可以是任意多个。这些函数的位置并没有什么限制，可以在void main（void）函数前，也可以在其后。

嵌入式C语言认为所有函数都是全局性的，而且是外部的，即可以被另一个文件中的任何一个函数调用。

5.4 函数调用

5.4.1 函数的简单调用

C语言调用函数时直接使用函数名和实参的方法，也就是首先把要赋给被调用函数的参量按该函数说明的参数形式传递过去，然后进入子函数运行，运行结束后再将一个值按子函数规定的数据类型返回给调用函数。

【例 5-1】 输入两个整数，输出其中值较大的。

```
#include<stdio.h>
int max(int a,int b);/*声明一个用户自定义函数*/
int max(int a,int b)
{
    if(a>b)
    return a ;
    else
    return b ;
}

void main(void)
{
    int x,y,z ;
    printf("input two numbers:\n");

    scanf("%d%d",&x,&y);
    z=max(x,y);
    /*调用函数*/
    printf("maxnum=%d",z);
}
```

5.4.2 函数的参数传递

1. 调用函数以形式参数向被调用函数传递

用户编写的函数一般在对其说明和定义时就规定了形式参数类型，因此调用这些函数时，参量必须与子函数中形式参数的数据类型、顺序和数量完全相同。

注意：当数组作为形式参数向被调用函数传递时，只传递数组的地址，而不是将整个数组元素都复制到函数中去，即用数组名作为实参调用子函数，调用时指向该数组第一个元素的指针被传递给子函数。用数组元素作为函数参数传递，当传递数组的某个元素时，数组元素作为实参，此时按使用其他简单变量的方法使用数组元素。

【例 5-2】 输入 5 个整数，输出它们的和。

```
#include<stdio.h>
int sum(int p[5])
{
    int sum=0,i=0;
    for(i=0;i<5;i++)
    {
      sum+=p[i];//累加求和
    }
    return sum;//返回求和的值
}

void main()/*主函数*/
{
    int Num[5],SUM;
    scanf("%d%d%d%d%d",&Num[0],&Num[1],&Num[2],&Num[3],&Num[4]);//输入5个整数
    SUM=sum(Num);//传递数组的首地址
    printf("%d\n",SUM);
}
```

2. 被调用函数向调用函数返回值

一般使用 return 语句由被调用函数向调用函数返回值，该语句有下列几种用途：

(1) 它能够立即从所在的函数中退出，返回到调用它的程序中。

(2) 返回一个值给调用它的函数。

有两种方法可以终止子函数运行并返回到调用它的函数中。

(1) 执行到函数的最后一条语句后返回。

(2) 执行到语句 return 时返回。

前者当子函数执行完后仅返回给调用函数一个“0”。若要返回一个值，就必须用 return 语句，只需在 return 语句中指定返回的值即可。return 语句可以向调用函数返回值，但这种方法只能返回一个参数。

3. 用全局变量实现参数互传

如果将所要传递的参数定义为全局变量，则可使变量在整个程序中对所有函数都可见。全局变量的数目受到限制，特别是对于较大的数组更是如此。

【例 5-3】 以下实例程序中，m [10] 数组是全局变量，数据元素的值在 disp () 函数中被改变后，回到主函数中得到的依然是被改变后的值。

```
#include<stdio.h>
void disp(void);
int m[10];
/*定义全局变量*/
void main(void)
{
```

```
    int i ;
    printf("In main before calling\n");
    for(i=0;i<10;i++)
    {
        m[i]=i ;
        printf("%3d",m[i]);
        /*输出调用子函数前数组的值*/
    }
    disp();
    /*调用子函数*/
    printf("\nIn main after calling\n");
    for(i=0;i<10;i++)
    printf("%3d",m[i]);
    /*输出调用子函数后数组的值*/
    getchar();
    return 0 ;
}
void disp(void)
{
    int j ;
    printf("In subfunc after calling\n");
    /*在子函数中输出数组的值*/
    for(j=0;j<10;j++)
    {
        m[j]=m[j]*10 ;
        printf("%3d",m[j]);
    }
}
```

执行结果：0，1，2，3，4，5，6，7，8，9

0　10　20　30　40　50　60　70　80　90

0　10　20　30　40　50　60　70　80　90

4. 数组作为函数参数

数组可以作为函数的参数用于数据传送。数组用作函数参数有两种形式：一种是把数组元素（下标变量）作为实参使用；另一种是把数组名作为函数的形参和实参使用。

（1）数组元素作为函数实参

数组元素就是下标变量，它与普通变量并无区别。因此，它作为函数实参使用与普通变量是完全相同的。在发生函数调用时，把作为实参的数组元素的值传送给形参，实现单向的值传送。

【例 5-4】　判别一个整数数组中各元素的值，若大于 0 则输出该值，若小于等于 0 则输出 0。

```
void nzp(int v)
```

```
{
    if(v>0)
      printf("%d",v);
    else
      printf("%d",0);
}
main()
{
    int a[5],i;
    printf("input 5 numbers\n");
    for(i=0;i<5;i++)
    {
        scanf("%d",&a[i]);
        nzp(a[i]);
    }
}
```

运行结果如图 5-4 所示。

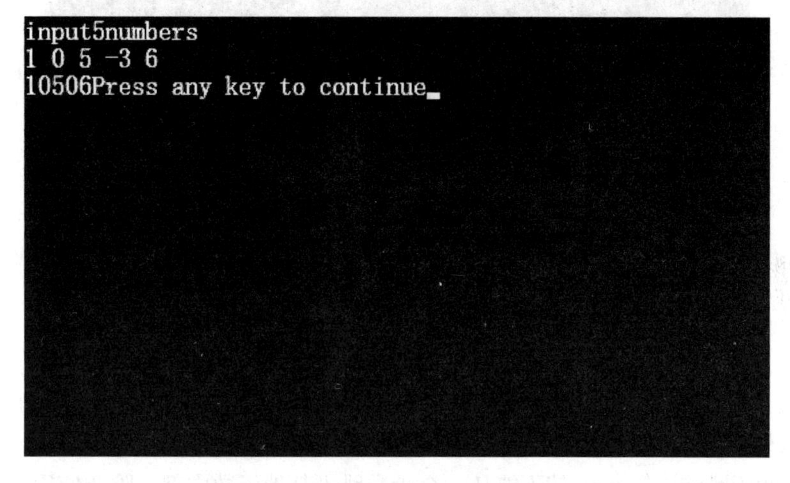

图 5-4 运行结果

（2）数组名作为函数参数

【例 5-5】 数组 a 中存放了一个学生 5 门课程的成绩，求平均成绩。

```
float aver(float a[5])
{
    int i;
    float av,s=a[0];
    for(i=1;i<5;i++)
      s=s+a[i];
    av=s/5;
    return av;
}
```

```
void main()
{
    float sco[5],av;
    int i;
    printf("\ninput 5 scores:\n");
    for(i=0;i<5;i++)
      scanf("%f",&sco[i]);
    av=aver(sco);
    printf("average score is %5.2f",av);
}
```

程序运行结果如图 5-5 所示。

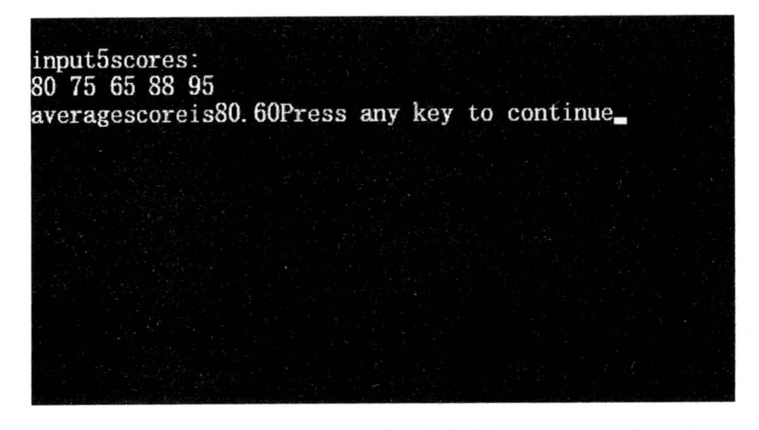

图 5-5　程序运行结果

5.5　函数作用范围与变量作用域

嵌入式 C 语言中，每个函数都是独立的代码块，函数代码归该函数所有，除了对函数的调用以外，其他任何函数中的任何语句都不能访问它。

例如，使用跳转语句 goto 就不能从一个函数跳进其他函数内部。除非使用全局变量，否则一个函数内部定义的程序代码和数据不会与另一个函数内的程序代码和数据相互影响。

嵌入式 C 语言中所有函数的作用域都处于同一嵌套中，即不能在一个函数内再说明或定义另一个函数。

嵌入式 C 语言中，一个函数对其他子函数的调用是全程的，即使函数在不同的文件中，也不必附加任何说明语句而被另一函数调用。也就是说，一个函数对于整个程序都是可见的。

在嵌入式 C 语言中，变量可以在各个层次的子程序中加以说明。也就是说，在任何函数中，变量说明只允许在一个函数体的开头处说明，而且允许变量的说明（包括初始化）跟在一个复合语句的左大括号的后面，直到配对的右大括号为止。它的作用域仅在这对大括号内，当程序执行出大括号时，它将不复存在。当然，内层中的变量即使与外层中的变量名字相同，它们之间也是没有关系的。

【例 5-6】 全局变量与局部变量实例。

```
#include<stdio.h>
int i=10 ;
void main(void)
{
    int i=1 ;
    printf("%d\t",i);
    {
        int i=2 ;
        printf("%d\t",i);
        {
            extern i ;
            i+=1 ;
            printf("%d\t",i);
        }
        printf("%d\t",++i);
    }
    printf("%d\n",++i);
    return 0 ;
}
```

执行结果：1　2　11　3　2

5.6 等级考试重难点讲解与真题解析

本节主要从历次等级考试的真题来分析。从历次等级考试的真题来看，本节主要考查函数的定义与调用、数据传递、返回值。本节属于重点考查内容。函数是模块化编程中的重要内容，需要重点掌握。

5.6.1 重点、难点解析

1. 函数定义

函数定义就是确定该函数完成什么功能，以及怎样运行，相当于其他语言的一个子程序。嵌入式 C 语言对函数的定义采用 ANSIC 规定的方式，即

```
函数类型　函数名(数据类型　形式参数,数据类型 形式参数,……)
{
    函数体;
}
```

2. 函数的调用

C 语言调用函数时直接使用函数名和实参的方法，也就是首先把要赋给被调用函数的参量按该函数说明的参数形式传递过去，然后进入子函数运行，运行结束后再将一个值按子函数规定的数据类型返回给调用函数。

（1）调用函数以形式参数向被调用函数传递；

（2）被调用函数向调用函数返回值；

（3）用全局变量实现参数互传；

（4）数组作为函数参数。

3. 函数作用范围与变量作用域

在嵌入式C语言中，变量可以在各个层次的子程序中加以说明。也就是说，在任何函数中，变量说明只允许在一个函数体的开头处说明，而且允许变量的说明（包括初始化）跟在一个复合语句的左大括号的后面，直到配对的右大括号为止。它的作用域仅在这对大括号内，当程序执行出大括号时，它将不复存在。当然，内层中的变量即使与外层中的变量名字相同，它们之间也是没有关系的。

5.6.2 真题解析

1. 以下关于函数的叙述中，正确的是（　　）。[2005年9月]

A. 每个函数都可以被其他函数调用（包括main函数）

B. 每个函数都可以被单独编译

C. 每个函数都可以单独运行

D. 在一个函数内部可以定义另一个函数

答案：B

解析：main函数不可以被调用，C程序必须从main函数开始执行，函数不能嵌套定义。

2. 以下叙述中错误的是（　　）。[2006年4月]

A. C程序必须由一个或一个以上的函数组成

B. 函数调用可以作为一个独立的语句存在

C. 若函数有返回值，必须通过return语句返回

D. 函数形参的值也可以传回给对应的实参

答案：D

解析：函数传递是单向传递的，C语言都是单项传递数据的，一定是实参传递给形参。

3. 以下叙述中正确的是（　　）。[2005年4月]

A. 预处理命令行必须位于源文件的开头

B. 在源文件的一行上可以有多条预处理命令

C. 宏名必须用大小写字母表示

D. 宏替换不占用程序的运行时间

答案：D

解析：一般来说，预处理命令位于源文件开头，也可以写在函数与函数之间，不能在一行上写多条预处理命令，宏名一般习惯用大写字母表示，但也可以用小写字母。

4. 有以下程序，程序运行的结果是（　　）。[2009年9月]

```
#include<stdio.h>
    #define f(x) x*x*x
```

```
main()
{
    int a=3,s,t;
    s=f(a+1);t=f((a+1));
    printf("%d,%d\n",s,t);
}
```

A. 10，64　　B. 10，10　　C. 64，10　　D. 64，64

答案：A

解析：本题主要考查宏的使用。f（a+1）=a+1*a+1*a+1=3a+1，s=10，f（（a+1））=（a+1）*（a+1）*（a+1），t=4*4*4=64。

5.7 思考与练习

5.7.1 选择题

1. 一个完整的C源程序是（　　）。

A. 要由一个主函数或一个以上的非主函数构成

B. 由一个且仅有一个主函数和零个以上的非主函数构成

C. 要由一个主函数和一个以上的非主函数构成

D. 由一个且仅有一个主函数或多个非主函数构成

2. 以下关于函数的叙述中，错误的是（　　）。

A. 函数未被调用时，系统将不为形参分配内存单元

B. 实参与形参的个数应相等，且实参与形参的类型必须对应一致

C. 当形参是变量时，实参可以是常量、变量或表达式

D. 形参可以是常量、变量或表达式

3. 一个C程序中（　　）。

A. main函数必须出现在所有函数之前

B. main函数可以在任何地方出现

C. main函数必须出现在所有函数之后

D. main函数必须出现在固定位置

4. 定义一个void型函数意味着调用该函数时，函数（　　）。

A. 通过return返回一个用户所希望的函数值

B. 返回一个系统默认值

C. 没有返回值

D. 返回一个不确定的值

5. C语言中函数返回值的类型是由（　　）决定的。

A. return语句中的表达式类型

B. 调用函数的主调函数类型

C. 调用函数传递的形参类型

D. 定义函数时所指定的函数类型

6. 下列关于函数的叙述中不正确的是（　　）。

A. C程序是函数的集合，包括标准库函数和用户自定义函数

B. 在C语言程序中，被调用的函数必须在main函数中定义

C. 在C语言程序中，函数的定义不能嵌套

D. 在C语言程序中，函数的调用可以嵌套

7. 若定义函数 float *fun ()，则函数 fun 的返回值为（　　）。

A. 一个实数

B. 一个指向实型变量的指针

C. 一个指向实型函数的指针

D. 一个实型函数的入口地址

5.7.2 填空题

1. 以下程序运行后的输出结果是__________。

```
fun(int a,int b)
{
    if(a>b)  return a;
    else  return b;
}
int main()
{
    int x=3,y=8,z=6,r;
    r=fun(fun(x,y),2*z);
    printf("%d\n",r);
}
```

2. 以下程序的运行结果是__________。

```
void f(int a,int b)
{
    int t;
    t=a;
    a=b;
    b=t;
}
int main()
{
    int x=1,y=3,z=2;
    if(x>y)        f(x,y);
    else if(y>z)   f(x,z);
    else           f(x,z);
    printf("%d,%d,%d\n",x,y,z);
```

```
}
```

3. 以下程序的运行结果是____________。

```
#include <stdio.h>
int main()
{
    int k=4,m=1,p;
    p=func(k,m);
    printf("%d\n",p);
    p=func(k,m);
    printf("%d\n",p);
}
func(int a,int b)
{
    static int m=0,i=2;
    i+=m+1;
    m=i+a+b;
    return(m);
}
```

4. 以下程序的运行结果是____________。

```
int a,b;void swap
{
    int t;
    t=a;a
}
int main()
{
    scanf("%d,%d",&a,&b);
    swap();
    printf("a=%d,b=%d\n",a,b);
}
```

6 数　组

6.1　案例引入——数组排序

6.1.1　任务描述

编写一个函数，让数组里的数按照从小到大的顺序排列。

6.1.2　任务目标

（1）能够掌握数组的基本概念和应用方法。
（2）能够明确数组数据处理的方法。
（3）能够应用数组来存储数据。

6.1.3　源代码展示

1. 代码展示

```
#include<stdio.h>
#define uchar unsigned char
uchar niu[8]={8,28,6,4,100,79,102,11};
int main()
{
    uchar a,b,C,j,k;
    for(j=0;j<8;j++)                    //设置循环次数为8
    {
        for(k=7;k>j;k--)                //从最后一个数开始与前一个数比较
        {
          if(niu[k]<niu[k-1])           //比前一个数小则交换位置
          {
              C=niu[k-1];
              niu[k-1]=niu[k];
              niu[k]=C;
          }
        }
    }
```

```
    for(j=0;j<8;j++)
    printf("%d\t",niu[j]);              //输出排好的数列
    printf("\n");
}
```

2. 运行结果

程序的运行结果如图 6-1 所示。

图 6-1 数组排序程序运行结果

3. 程序分析

本程序首先定义了一个数组，然后采用冒泡排序的方法用最后一个数与前一个数进行比较，若比前一个数小则交换位置，再与前一个数比较，若比前一个数小再交换位置，直到比前一个数大或者已经在最前面。

6.1.4 知识讲解

数组是一种构造类型的数据，通常用来处理具有相同属性的一批数据。本章主要介绍一维数组、二维数组、多维数组及字符数组的定义、初始化、引用及应用。

嵌入式 C 语言还提供了构造类型的数据，包括数组类型、结构体类型和共用体类型。构造类型数据是由基本类型数据按一定规则组成的，因此又称它们为“导出类型”。

6.2 一维数组

6.2.1 一维数组的定义

一维数组的定义方式如下：

```
类型说明符  数组名[常量表达式];
```

例如：

```
int a[10];
```

表示数组名为 a，此数组有 10 个元素。

一维数组定义说明如下：

（1）数组名的命名规则和变量名相同，遵循标识符命名规则。

（2）数组名后是用方括号括起来的常量表达式，不能用圆括号，如 int a（10）就是错误的。

（3）常量表达式表示元素的个数，即数组长度。

例如，在 a [10] 中，10 表示 a 数组有 10 个元素，下标从 0 开始，这 10 个元素分别是 a [0]、a [1]、a [2]、a [3]、a [4]、a [5]、a [6]、a [7]、a [8]、a [9]。

注意：不能使用数组元素 a [10]。

（4）常量表达式中可以包括常量和符号常量，不能包含变量。也就是说，嵌入式 C 语言不允许对数组的大小做动态定义，即数组的大小不依赖于程序运行过程中变量的值。

例如，下面这样定义数组是错误的：

```
int n;
scanf("%d",&n);
int a[n];
```

6.2.2 一维数组元素的引用

数组必须“先定义，后使用”。嵌入式 C 语言规定，只能逐个引用数组元素而不能一次引用整个数组。

数组元素的表示形式为：

```
数组名[下标]
```

下标可以是整型常量或整型表达式。例如：

```
a[0]=a[5]+a[7]-a[2*3]
```

6.2.3 一维数组的初始化

对数组元素的初始化可以使用以下方法实现。

（1）在定义数组时对数组元素赋以初值。

例如：

```
int a[10]={0,1,2,3,4,5,6,7,8,9};
```

（2）可以只给一部分元素赋值。

例如：

```
int a[10]={0,1,2,3,4};
```

定义 a 数组有 10 个元素，但花括弧内只提供 5 个初值，这表示只给前面 5 个元素赋初值，后 5 个元素值为 0。

（3）如果想使一个数组中全部元素值为 0，可以写为：

```
int a[10]={0,0,0,0,0,0,0,0,0,0};
```

不能写为：

```
int a[10]={0*10};
```

（4）在对全部数组元素赋初值时，可以不指定数组长度。例如：

```
int a[5]={1,2,3,4,5};
```

可以写为：

```
int a[ ]={1,2,3,4,5};
```

【例 6-1】 用数组实现求 10 个数的和。

```
#include <stdio.h>
int main ()
{
        int a[10] = {3,20,7,8,123,23,28,9,2,10}; //定义 10 个元素的数组
        int i = 0;
        int sum = 0;                                    //保存和
        for(i = 0; i < 10; i++)                         //依次遍历数组,取每一个元素之后加到 sum 中
        {
            sum += a[i];
        }
        printf("sum = %d\n", sum);                      //输出 sum 的值
        return 0;
}
```

执行结果：sum=233

【例 6-2】 假设有 10 个数已经按照从小到大的顺序存放在数组中，要求从键盘输入一个整数插入这 10 个数中，使数组仍然是从小到大的排列顺序。

```
#include <stdio.h>
int main()
{
    //数组元素个数为 11 个,预留 1 个是插入的
    int a[11] = {2, 5, 7, 9, 12, 16, 19, 22, 39, 59};
    int num = 0;
    int i = 0;
    printf("please input a num : ");
    scanf(" %d", &num);
    for(i = 9; i >= 0; i--)//从最后一个数开始往前找比 num 小的数
    {
        if(num < a[i]) //如果找到的数比 num 大,则将该数往后移一个位置
        {
            a[i + 1] = a[i];
        }
        else//如果找到比 num 小的数为 a[i],则将 num 放到 a[i]的后面,即 a[i+1]
        {
          a[i + 1] = num;
```

```
            break;//表示已经找到,num已经存入数组,则结束循环
        }
    }
    if(i < 0)//循环结束有两种:一种是执行到最后 i<0;另一种是找到之后 break 跳出
    {
        a[0] = num;
    }
    for(i = 0; i < 11; i++)
    {
        printf("%d  ", a[i]);
    }
    printf("\n");
    return 0;
}
```

程序的运行结果如图 6-2 所示。

```
G:\WPS2019\CYuYan\bin\wwtemp.exe
please input a num :10
2 5 7 9 10 12 16 19 22 39 59

        Press any key to continue
```

图 6-2　插入数字排序程序运行结果

6.3　二维数组

6.3.1　二维数组的定义

二维数组定义的一般形式如下：

类型说明符 数组名[常量表达式][常量表达式]

例如：

```
float a[3][4],b[5][10];
```

不能写为：

```
float a[3,4],b[5,10];
```

6.3.2　二维数组的引用

引用二维数组元素的形式如下：

数组名 [行下标表达式][列下标表达式]

(1)“行下标表达式”和“列下标表达式”都应是整型表达式或符号常量。

(2)“行下标表达式”和“列下标表达式”的值都应在已定义数组大小的范围内。假设有数组 x [3] [4]，则可用的行下标范围为 0～2，列下标范围为 0～3。

(3) 对基本数据类型的变量所能进行的操作，也都适用于相同数据类型的二维数组元素。

6.3.3 二维数组的初始化

(1) 按行赋初值的形式如下：

数据类型 数组名[行常量表达式][列常量表达式]={{第 0 行初值表},{第 1 行初值表},……,{最后一行初值表}};

赋值规则是：将“第 0 行初值表”中的数据依次赋给第 0 行中各元素；将“第 1 行初值表”中的数据依次赋给第 1 行各元素；依此类推。

(2) 按二维数组在内存中的排列顺序给各元素赋初值的形式如下：

数据类型 数组名[行常量表达式][列常量表达式]={初值表};

赋值规则是：按二维数组在内存中的排列顺序将初值表中的数据依次赋给各元素。

如果对全部元素都赋初值，则“行数”可以省略。

注意：只能省略“行数”。

【例 6-3】 要使用二维数组实现：求 1 个 3×4 矩阵的转置矩阵（将原来矩阵的行变成新矩阵的列，原来矩阵的列变成新矩阵的行）。

```
#include <stdio.h>

int main()
{
        int a[3][4] = {2, 5, 7, 9, 6, 14, 20, 8, 15, 0, 12, 3};
        int b[4][3] = {0};
        int i = 0;
        int j = 0;
        for(i = 0; i < 4; i++)
        {
            for(j = 0; j < 3; j++)
            {
            b[i][j] = a[j][i]; //a的行对应b的列
        }
    }

    for(i = 0; i < 4; i++)
    {
        for(j = 0; j < 3; j++)
        {
            printf("%-4d", b[i][j]);
```

```
        }
        printf("\n");
    }
    return 0;
}
```

程序运行结果如图 6-3 所示。

```
2    6    15
5    14   0
7    20   12
9    8    3
```

图 6-3　求转置矩阵程序运行结果

【例 6-4】　按以下输出格式打印杨辉三角的前 10 行。

```
#include <stdio.h>

int main()
{
        int a[11][11] = {0};//11 表示从下标 1 到 10,舍去了 0 下标
        int i = 0;
        int j = 0;
        for(i = 1; i < 11; i++)
        {
            a[i][i] = 1; //斜角线上全是 1
            a[i][1] = 1; //第 1 列全是 1
        }
        //从第 3 行第 2 列开始,每一个数值都是它上面的数值加上上面数的左边的数
        for(i = 3; i < 11; i++)
        {
            for(j = 2; j < i; j++)
            {
                a[i][j] = a[i - 1][j] + a[i - 1][j - 1];
            }
        }
        //输出杨辉三角
        for(i = 1; i < 11; i++)
        {
            for(j = 1; j <= i; j++)
            {
                printf("%-4d", a[i][j]);
            }
            printf("\n");
```

```
    }
    return 0;
}
```

执行结果：

```
1
1  1
1  2  1
1  3  3  1
1  4  6  4  1
1  5  10  10  5  1
…
```

6.4 字符数组

用来存放字符量的数组称为字符数组。字符数组类型说明的形式与前面介绍的数值数组相同。

例如：

```
char C[10];
char C[5][10];//即为二维字符数组。字符数组也允许在类型说明时进行初始化赋值
static char C[]={'C', ' ', 'p', 'r', 'o', 'g', 'r', 'a', 'm'};// 当对全体元素赋初值时也可以省略长度说明
```

字符串在C语言中没有专门的字符串变量，通常用1个字符数组来存放1个字符串。

字符串总是以“\0”作为串的结束符。因此，当把1个字符串存入1个数组时，也把结束符“\0”存入数组，并以此作为该字符串是否结束的标志。

有了“\0”标志后，就不必再用字符数组的长度来判断字符串的长度了。

嵌入式C语言允许用字符串的方式对数组进行初始化赋值。例如：

```
static char C[]={'C','','p','r','o','g','r','a','m'};
```

可写为：

```
static char C[]={"C program"};
```

或去掉{}写为：

```
sratic char C[]="C program";
```

用字符串方式赋值比用字符逐个赋值要多占1个字节，以用于存放字符串结束标志“\0”。

除了上述用字符串赋初值的方法外，还可用printf函数和scanf函数一次性输入/输出1个字符数组中的字符串，而不必使用循环语句逐个输入/输出每个字符。

【例6-5】 字符串输出实例。

```
#include <stdio.h>

void main(void)
{
    static char C[]="BASIC\ndBASE" ;
    printf("%s\n",C);
}
```

注意：在本例的 printf 函数中，使用的格式字符串为“%s”，表示输出的是一个字符串。

【例 6-6】 输入一行字符，统计其中大写字母的个数，并将所有的大写字母转化为小写字母后输出。

```
#include <stdio.h>

int main ()
{
        char a[20] = {'\0'};
        int i = 0;
        int iCount = 0;
        printf("please input a string:");
        gets(a);//接收1行字符串,自动将“\n”转化为“\0”
        while(a[i] ! = '\0')//判断是否到达字符串的末尾
        {
            if(a[i] >= 'A' && a[i] <= 'Z') //如果是大写字母
            {
                iCount++; //个数+1
                a[i] += 32;  //将大写字母转为小写字母
            }
            i++;
        }
        printf("the num of UPPER char is : %d\n", iCount);
        puts(a);
        return 0;
}
```

【例 6-7】 输入一行字符，统计其中单词的个数，单词之间用空格分隔。

```
#include <stdio.h>
#include <string.h>

int main ()
{
        char str[100] = {'\0'};
        int i = 0;
        int iCount = 0;
```

```
    printf("please input a line of words:\n");
    gets(str);
    for(i = 1; str[i] ! = '\0'; i++)
    {
        //如果前一个字符不是空格,但后一个字符是空格,则单词个数+1
        if(str[i-1] ! = ''&& str[i] == '')
        {
            iCount++;
        }
        //表示最后 1 个单词
        if(str[i] ! = '' && str[i + 1] == '\0')
        {
            iCount++;
        }
    }
    printf("the num of words is : %d\n", iCount);

    return 0;
}
```

6.5 数组初始化规则

(1) 数组的每一行初始化赋值中间用“,”分开，最外面再加一对“{}”括起来，最后以“;”表示结束。

(2) 多维数组的存储是连续的。因此，可以用一维数组初始化的办法来初始化多维数组。

(3) 对数组进行初始化时，如果赋值表中的数据个数比数组元素少，则不足的数组元素的值用 0 填补。

6.6 等级考试重难点讲解与真题解析

本节主要从历次等级考试的真题来分析。从历次等级考试的真题来看，本节主要考查一维数组、二维数组、字符数组的应用。本节属于重点考查内容，需要重点掌握。

6.6.1 重点、难点解析

1. 数组数组的定义方法：

```
一维数组:类型说明符　数组名[常量表达式];
二维数组:类型说明符　数组名[常量表达式][常量表达式];
```

例如：

```
int a[10];
```

```
float a[3][4];
```

（1）数组名的命名规则和变量名相同，遵循标识符命名规则。

（2）数组名后是用方括号括起来的常量表达式，不能用圆括号。

（3）常量表达式表示元素的个数，即数组长度。

（4）常量表达式中可以包括常量和符号常量，不能包含变量。

2. 数组的初始化方法：一维数组的初始化：

（1）在定义数组时对数组元素赋以初值，例如：

```
int a[10]={0,1,2,3,4,5,6,7,8,9};
```

（2）只给一部分元素赋值，例如：

```
int a[10]={0,1,2,3,4};
```

3. 二维数组的初始化：

（1）按行赋初值的形式赋值规则是：将“第0行初值表”中的数据，依次赋给第0行中各元素；将“第1行初值表”中的数据，依次赋给第1行各元素；依此类推。

（2）按二维数组在内存中的排列顺序给各元素赋初值的形式赋值规则是：按二维数组在内存中的排列顺序，将初值表中的数据依次赋给各元素。如果对全部元素都赋初值，则“行数”可以省略。注意：只能省略“行数”。

4. 字符数组

字符串在C语言中没有专门的字符串变量，通常用1个字符数组来存放1个字符串。

字符串总是以“\0”作为串的结束符。因此，当把1个字符串存入1个数组时，也把结束符“\0”存入数组，并以此作为该字符串是否结束的标志。

6.6.2 真题解析

1. 有以下程序。

```
int main()
{
    char s[ ]={"012xy"};
    int i,n=0;
    for(i=0;s[i]! =0;i++)
        if(s[i]>'a' && s[i]<='z') n++;
    printf(" % d\n",n);
}
```

程序运行后的输出结果是（　　）。[2009年9月]

A. 0　　B. 2　　C. 3　　D. 5

答案：B

解析：字符串s中只有'x'和'y'符合if语句的判断条件，因此n=2。

2. 有以下程序。

```
int main()
```

```
{
    char a[10]="abcd";
    printf("%d,%d\n",strlen(a),sizeof(a));
}
```

程序运行后的输出结果是（　　）。[2009 年 9 月]

A. 7，4　　B. 4，10　　C. 8，8　　D. 10，10

答案：B

解析：strlen 是计算字符串长度的函数，返回字符串的长度，不包括结束符，sizeof 返回的是字符串所占内存的字节数，包括结束符。

3. 下面有关 C 语言字符数组的描述中错误的是（　　）。[2009 年 9 月]

A. 不可以用赋值语句给字符数组赋字符串

B. 可以用输入语句把字符串整体输入给字符数组

C. 字符数组中的内容不一定是字符串

D. 字符数组只能存放字符串

答案：D

解析：字符数组不仅可以存放字符串，还可以存放字符的 ASCII 码值。

4. 有以下程序。char name [20]; int num; scanf ("name=%s num=%d", name, &num); 当执行上述程序段，并从键盘输入：name=Lili num=1001<回车>后，name 的值为（　　）。[2011 年 3 月]

A. LIli　　B. name=Lili　　C. Lili num=　　D. name=Lili num=1001

答案：A

解析：scanf ("name=%s num=%d", name, &num); 中的 name=和 num=是设置输入格式的字符串。所以 Lili 赋给 name，1001 赋给 num。

5. 有以下程序。

```
int main()
{
    char s[ ]="012xy\08s34f4w2";
    int i,n=0;
    for(i=0;s[i]!=0;i++)
        if(s[i]>='0' && s[i]<='9') n++;
    printf("%d\n",n);


}
```

程序运行后的输出结果是（　　）。[2011 年 3 月]

A. 0　　B. 3　　C. 7　　D. 8

答案：B

解析：字符数组 s 中'\0'之前只有 012 三个数字，所以 n=3。

6. 有以下程序。

```
int main()
```

```
    {
        char a[30],b[30];
        scanf("%s,"a);
        gets(b);
        printf("%s\n %s\n",a,b);
    }
```

程序运行时若输入：how are you? I am fine<回车>，则输出结果是（　　）。[2011年3月]

A. how are you? I am fine　　B. how are you? I am fine

C. how are you? I am fine　　D. how are you?

答案：B

解析：在执行scanf函数时，当遇到回车、空格、跳格符就结束。

7. 有以下程序。

```
int main()
    {
        int a[4][4] = {{1,4,3,2,},{8,6,5,7,},{3,7,2,5,},{4,8,6,1,}},i,k,t;
        for(i=0;i<3;i++)
          for(k=i+i;k<4;k++)
          if(a[i][i]<a[k][k])
          {
              t=a[i][i];
              a[i][i]=a[k][k];
              a[k][k]=t;
          }
    for(i=0;i<4;i++)
```

printf ("%d,", a [0] [i]);}

程序运行后的输出结果是（　　）。[2007年4月]

A. 6，2，1，1　B. 6，4，3，2　C. 1，1，2，6　D. 2，3，4，6

答案：B

解析：二重for循环是将数组a对角线的元素按照从大到小的顺序进行排序，最后for循环输出a数组的第一行，a [0] [0] 排序后为6。

8. 有以下程序。

```
#include <string.h>
    int main()
    {
        char p[20]={'a','b','c','d'},q[ ]="abc",r[ ]="abcde";
        strcat(p,r);
        strcpy(p+strlen(q),q);
        printf("%d\n",sizeof(p));

    }
```

程序运行后的输出结果是（　　）。[2007年4月]

A. 9　　　　B. 6　　　　C. 20　　　　D. 7

答案：C

解析：执行strcat（p，r）后p为"abcdabcde"，再执行strcpy（p+strlen（q），q）后得到p为"abcabc"，所以p字符数组的长度是6，但其占用字节还是20。

6.7 思考与练习

6.7.1 选择题

1. 一个完整的C源程序是（　　）。

A. 要由一个主函数或一个以上的非主函数构成

B. 由一个且仅由一个主函数和零个以上的非主函数构成

C. 要由一个主函数和一个以上的非主函数构成

D. 由一个且仅只有一个主函数或多个非主函数构成

2. 以下关于函数叙述中，错误的是（　　）。

A. 函数未被调用时，系统将不为形参分配内存单元

B. 实参与形参的个数应相等，且实参与形参的类型必须对应一致

C. 当形参是变量时，实参可以是常量、变量或表达式

D. 形参可以是常量、变量或表达式

3. 一个C程序中（　　）。

A. main函数必须出现在所有函数之前

B. main函数可以在任何地方出现

C. main函数必须出现在所有函数之后

D. main函数必须出现在固定位置

4. 定义一个void型函数意味着调用该函数时，函数（　　）。

A. 通过return返回一个用户所希望的函数值

B. 返回一个系统默认值

C. 没有返回值

D. 返回一个不确定的值

5. C语言中函数返回值的类型是由（　　）决定。

A. return语句中的表达式类型

B. 调用函数的主调函数类型

C. 调用函数传递的形参类型

D. 定义函数时所指定的函数类型

6. 下列关于函数的叙述中不正确的是（　　）。

A. C程序是函数的集合，包括标准库函数和用户自定义函数

B. 在C语言程序中，被调用的函数必须在main函数中定义

C. 在C语言程序中，函数的定义不能嵌套

D. 在C语言程序中，函数的调用可以嵌套

7. 若定义函数 float *fun ()，则函数 fun 的返回值为（　　）。

A. 一个实数

B. 一个指向实型变量的指针

C. 一个指向实型函数的指针

D. 一个实型函数的入口地址

6.7.2 填空题

1. 以下程序运行后的输出结果是____________。

```
fun(int a,int b)
{
  if(a>b) return a;
  else return b;
}
int main()
{
  int x=3,y=8,z=6,r;
  r=fun(fun(x,y),2*z);
  printf("%d\n",r);
}
```

2. 以下程序的运行结果是________。

```
void f (int a,int b)
{
      int t;
      t=a;
      a=b;
      b=t;
}
int main()
{
      int x=1,y=3,z=2;
      if(x>y)
          f(x,y);
      else if(y>z)
          f(x,z);
      else f(x,z);
          printf("%d,%d,%d\n",x,y,z);
}
```

3. 以下程序运行的结果是________。

```
#include <stdio.h>
int main()
```

```
{
    int k=4,m=1,p;
    p=func(k,m);
    printf("%d\n",p);
    p=func(k,m);
    printf("%d\n",p);
}
int func(int a,int b)
{
static int m=0,i=2;
i+=m+1;
m=i+a+b;
return (m);
}
```

4. 以下程序运行结果为________。

```
int a,b;
void swap
{
   int t;
   t=a;
}
int main()
{
   scanf("%d,%d",&a,&b);
   swap();
   printf("a=%d,b=%d\n",a,b);
}
```

7 指　针

7.1　案例引入——通过指针间接访问内存

7.1.1　任务描述

通过指针间接对变量、数组内存进行读写访问。

7.1.2　任务目标

(1) 能够掌握指针的基本概念和应用方法。
(2) 能够根据程序需要进行指针变量的定义和引用。
(3) 能够掌握指针与变量操作运用。
(4) 能够掌握指针与数组操作运用。

7.1.3　源代码展示

```
#include <stdio.h>
int main()
{
        int a=10,i,*ip;
        int num[5]={1,2,3,4,5};
        char ch='a',*cp;
        char str[5]={'A','B','C','D','E'};
        /*整型指针访问整型变量、数组*/
        ip=&a;                          //整型指针变量 ip 指向整型变量 a 的内存地址
        printf("*ip=%d\n",*ip);         //指针 ip 间接对 a 内存进行读访问
        *ip=20;                         //通过指针 ip 间接对 a 内存进行写访问
        printf("a=%d\n",a);
        ip=num;                         //指针 ip 指向数组 num
        for(i=0;i<5;i++)
        {
            printf("*(ip+%d)=%d\n",i,*(ip+i)); //指针 ip 间接读访问数组 num
        }
        for(i=0;i<5;i++)
```

```
    {
        *(ip+i)=i+10;              //指针 ip 间接写访问数组 num
        printf("num[%d]=%d\n",i,num[i]);
    }
    /*字符型指针访问字符型变量、数组*/
    cp=&ch;                         //字符型指针变量 cp 指向字符型变量 ch 的内存地址
    printf("*cp=%d\n",*cp);        //通过指针 cp 对 ch 内存进行读访问
    *cp='b';                        //通过指针 cp 对 ch 内存进行写访问
    printf("ch=%d\n",ch);
    cp=str;                         //指针 cp 指向数组 str
    for(i=0;i<5;i++)
    {
        printf("*(cp+%d)=%C\n",i,*(cp+i)); //指针 cp 间接读访问数组 str
    }
    for(i=0;i<5;i++)
    {
        *(cp+i)=i+'a';              //指针 cp 间接写访问数组 str
        printf("str[%d]=%C\n",i,str[i]);
    }
}
```

7.1.4 运行结果

程序的运行结果如图 7-1 所示。

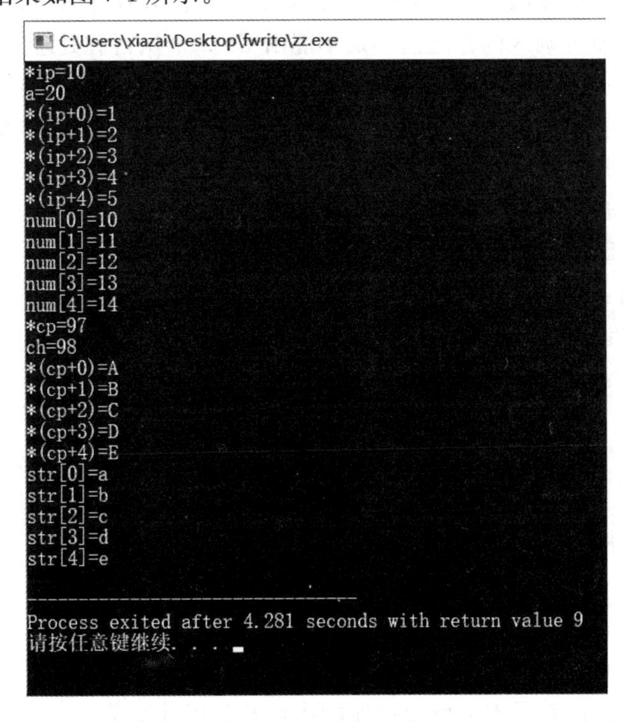

图 7-1 指针间接对变量、数组内存进行读写访问运行结果

7.1.5 程序分析

本程序通过指针变量保存了变量的地址或数组的地址（数组名），指针变量就与变量或者数组建立关系，接着通过指针变量间接对变量的内存地址或数组的内存地址进行读写访问。

7.1.6 知识讲解

指针是C语言中最具特点且广泛使用的数据类型，通过指针不仅可以间接地访问变量，还可以方便地使用数组、字符串，可有效地描述各种数据结构，能够动态地分配内存空间，还可在函数之间传递各种类型的数据。掌握指针的运用，可以编写出简洁、高效的C程序。

7.2 指针和地址

7.2.1 内存和内存地址

为了清楚地理解什么是指针，必须先弄清楚数据在内存中是如何存储的，又是如何读取的。同时要理解变量的指针就是变量的地址。

在计算机中，所有的数据都存放在存储器中，内存（内部存储器）是由大规模集成电路芯片组成的存储器，包括 RAM 、ROM。运行中的程序和数据都是存放在内存中的。与内存相对的是外存，外存是辅助存储器（包括硬盘、光盘等），一般用于保存永久的数据。程序、数据在内存中由 CPU 来执行和处理。外存尽管可以保存程序和数据，但是当这些数据在没有调入内存之前，是不能由 CPU 来执行和处理的。

内存是由内存单元（一般称为字节）构成的一片连续的存储空间，为便于访问这些内存单元，每个内存单元都进行了编号，这样有利于根据这些内存单元的编号准确地找到内存单元。通常把这些内存单元的编号叫内存地址，简称地址。CPU 就是通过内存地址来访问内存，进行数据的存取（读/写）的。

例如：int a=5；

求地址运算符：&；

&a 得到的就是 a 的地址。

如何引用变量：

1. 直接引用：直接引用变量名来操作变量 a。

2. 间接引用：通过引用变量地址的内容，来达到引用变量的目的。

取值运算符：*；

*（&a）等价于 a，其值为 5。

7.2.2 指针变量的定义

嵌入式C语言中，对于变量的访问方法之一，就是首先求出变量的地址，然后通过地址对它进行访问，这就是本节所要论述的指针及其指针变量。

所谓变量的指针，实际上是指变量的地址。变量的地址虽然在形式上类似于整数，但在概念上不同于以前介绍过的整数，它属于一种新的数据类型，即指针类型。

在嵌入式C语言中，一般用“指针”指明表达式&x的类型，而用“地址”作为它的值。也就是说，若x为1个整型变量，则表达式&x的类型是指向整数的指针，而它的值就是变量x的地址。

同样，若“double d;”则&d的类型是指向双精度数d的指针，而&d的值就是双精度变量d的地址。因此，指针和地址是用来叙述1个对象的两个方面。&x、&d的类型是不同的，1个是指向整型变量x的指针，而另一个则是指向双精度变量d的指针。

指针变量的一般定义如下：

```
类型标识符  *标识符;
```

其中，“标识符”是指针变量的名字，标识符前加了“*”号，表示该变量是指针变量；“类型标识符”表示该指针变量所指向的变量的类型。

1个指针变量只能指向同一类型的变量。

定义1个指针类型变量的形式如下：

```
int *ip;
```

该定义说明了它是一种指针类型的变量。注意：在定义中不要漏写“*”符号，否则它就成为一般的整型变量了。另外，在定义中的int表示该指针变量为指向整型数的指针类型的变量，有时也可称ip为指向整数的指针。

ip是一个变量，它专门存放整型变量的地址。

指针变量在定义中允许带初始化项。例如：

```
int i, *ip=&i;
```

嵌入式C语言中规定，当指针值为零时，指针不指向任何有效数据。有时也将指针称为空指针。

7.2.3 指针变量的引用

1. 为指针变量赋值

既然在指针变量中只能存放地址，那么在使用过程中就不要将1个整数赋给1个指针变量。例如，下面的赋值是不合法的：

```
int *ip;
ip=100;
```

假设：

```
int i=200, x;
int *ip;
```

可以把i的地址赋给ip：

```
ip=&i;
```

此时，指针变量ip指向整型变量i，假设变量i的地址为1800，这个赋值可形象地理解为如图 7-2 所示的联系。

后面的程序便可以通过指针变量 ip 间接访问变量 i，例如：

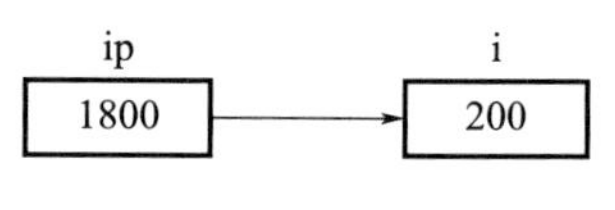

图 7-2 给指针变量赋值

```
x= * ip;
```

ip 加上运算符 * 后表示访问以 ip 为地址的存贮区域，而 ip 中存放的是变量 i 的地址，因此，*ip 访问的是地址为 1800 的存贮区域（因为地址是整数，实际上是从 1800 开始的两字节），它就是变量 i 所占用的存贮区域，所以上面的赋值表达式等价于“x=i;”。

另外，指针变量和一般变量一样，存放在它们之中的值是可以改变的。也就是说，可以改变它们的指向，假设：

```
int i,j, * p1, * p2 ;
i='a' ;
j='b' ;
p1=&i ;
p2=&j ;
```

建立如图 7-3 所示的联系。

这时，赋值表达式“p2=p1;”就使 p2 与 p1 指向同一对象 i；*p2 等价于i，而不是j，如图 7-4 所示。赋值运算结果就变为如图 7-4 所示的结果。

图 7-3 指针变量赋值运算结果

如果执行如下表达式：

```
* p2= * p1;
```

则表示把 p1 指向的内容赋给 p2 所指的区域，此时图 7-4 所示结果就变为图 7-5 所示“*p2=*p1”时的结果。

由于指针是变量，所以可以通过改变它们的指向，从而间接访问不同的变量。这样，既给程序员带来灵活性，也使程序代码编写得更为简洁和有效。

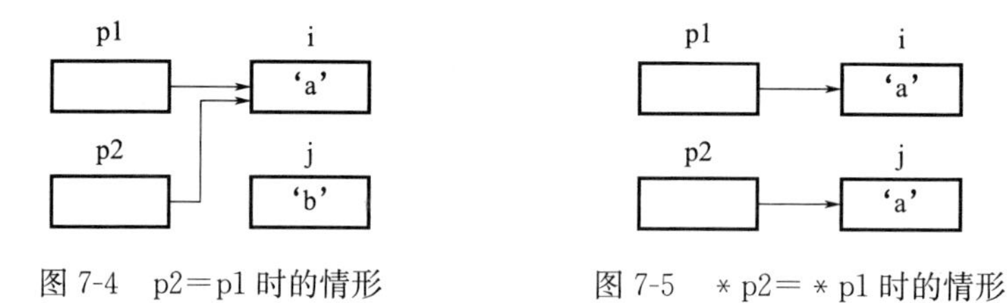

图 7-4 p2=p1 时的情形　　图 7-5 *p2=*p1 时的情形

指针变量可出现在表达式中，假设：

```
int x, y, * px=&x;
```

指针变量 px 指向整数 x，则 *px 可出现在 x 能够出现的任何地方。例如：

```
y= * px+5;     // 表示把 x 的内容加 5 并赋给 y
y=++ * px;     // px 的内容加上 1 之后赋给 y
y= * px++;     // 相当于 y= * px; px++
```

2. 地址运算

（1）指针在一定条件下可进行比较。这里所说的一定条件，就是指两个指针指向同一个对象。例如，若两个指针变量 p，q 指向同一数组，则<，>，>=，<=，==等关系运算符都能正常进行。若 p==q 为真，则表示 p，q 指向数组的同一元素；若 p<q 为真，则表示 p 所指向的数组元素在 q 所指向的数组元素之前（指向数组元素的指针在后面将进行详细讨论）。

（2）指针和整数可进行加、减运算。假设 p 是指向某一数组元素的指针，开始时指向数组的第 0 号元素，若设 n 为一个整数，则 p+n 就表示指向数组的第 n 号元素（下标为 n 的元素）。

无论指针变量指向何种数据类型，指针和整数进行加、减运算时，编译程序都将根据所指对象的数据长度对 n 放大。在一般计算机上，char 放大因子为 1；int，short 放大因子为 2；long 和 float 放大因子为 4；double 放大因子为 8。

（3）两个指针变量在一定条件下，可进行减法运算。假设 p，q 指向同一个数组，则 p−q 的绝对值表示 p 所指对象与 q 所指对象之间的元素个数，相减的结果遵守其对象类型字节长度缩小规则。

7.2.4 指针和数组

指针和数组有着密切的关系，任何能够由数组下标完成的操作都可利用指针实现，程序中使用指针可使代码更紧凑、更灵活。

1. 指向数组元素的指针

定义一个整型数组和一个指向整型的指针变量形式如下：

```
int a[10], *p;
```

和前面介绍过的方法相同，这种定义方式可以使整型指针 p 指向数组中任何一个元素。假定给出赋值运算如下：

```
p=&a[0];
```

此时，p 指向数组中的第 0 号元素，即 a [0]，指针变量 p 中包含了数组元素 a [0] 的地址。由于数组元素在内存中是连续存放的，所以可以通过指针变量 p 及其相关运算间接访问数组中的任何元素。

嵌入式 C 语言中，数组名是数组的第 0 号元素的地址，因此下面两个语句是等价的：

```
p=&a[0];
p=a;
```

根据地址运算规则，a+1 为 a [1] 的地址，a+i 就为 a [i] 的地址。

利用指针给出数组元素的地址和内容的几种表示形式如下所述。

（1）p+i 和 a+i 均表示 a [i] 的地址，它们均指向数组第 i 号元素，即指向 a [i]。

（2）*(p+i) 和 *(a+i) 都表示 p+i 和 a+i 所指对象的内容，即为 a [i]。

（3）指向数组元素的指针，也可以表示为数组的形式，也就是说，它允许指针变量带下标，如 p［i］与＊（p+i）等价。假设“p=a+5;”则 p［2］就相当于“＊（p+2)”，由于 p 指向 a［5］，所以 p［2］就相当于 a［7］，而 p［−3］就相当于＊（p−3)，表示 a［2］。

2. 通过首地址引用数组元素

对数组元素的访问我们之前采用的是下标方式。既然数组名 a 就是数组的首地址，就可以使用“a+i”，通过 i 的变化依次访问数组元素。例如：

```
int a[5],i;
/*输入：*/
for(i=0;i<5;i++)
scanf("%d",a+i);
/*输出：*/
for(i=0;i<5;i++)
printf("%d",*(a+i));
```

3. 通过指针变量引用数组元素

要通过指针变量访问数组就必须先将指针变量指向该数组。利用指针变量引用数组元素可以采用“不移动指针”或“移动指针”两种方法。例如：

```
int a[5],*p,i;
p=a;/*或 p=&a[0]：*/
```

【例 7-1】

（1）不移动指针

```
/*输入：*/
for(i-0;i<5;i++)
scanf("%d",p+i);
/*输出：*/
for(i=0;i<5;i++)
printf("%d",*(p+i));
```

（2）移动指针

```
/*输入：*/
for(p=a;p<a+5;p++)
scanf("%d",p);
/*输出：*/
for(p=a;p<a+5;p++)
printf("%d",*p);
```

7.2.5 字符指针

若在程序中出现字符串常量，嵌入式 C 语言编译程序就给字符串常量安排一个存储区域，这个区域是静态的，且在整个程序运行的过程中始终被占用。

字符串常量的长度是指该字符串的字符个数，但在安排存储区域时，C 语言编译程序还自动给该字符串序列的末尾加上一个空字符“\0”，用来标志字符串的结束。因此，一个字符串常量所占的存贮区域的字节数总比它实际的字符个数多一个字节。嵌入式C语言中操作一个字符串常量的方法如下所述。

（1）把字符串常量存放在一个字符数组中，例如：

```
char s[]="a string";
```

数组s共由9个元素组成。其中，s［8］中的内容是“\0”。实际上，在字符数组定义的过程中，编译程序直接把字符串复写到数组中，即对数组s初始化。

（2）用字符指针指向字符串，然后通过字符指针访问字符串存储区域。当字符串常量在表达式中出现时，根据数组的类型转换规则，它被转换成字符指针。因此，若定义一个字符指针cp如下：

```
char *cp;
```

于是可用：

```
cp="a string";
```

使cp指向字符串常量中的第0号字符a，如图7-6所示。

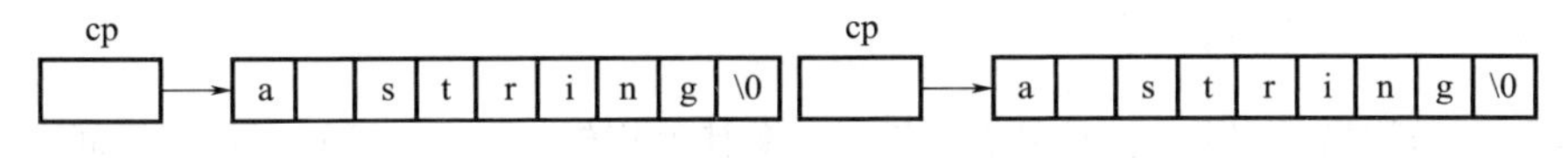

图7-6　指针指向字符串

此后的程序可通过cp访问这个存储区域，如果*cp或cp［0］就是字符a，则cp［i］或*（cp+i）就相当于字符串的第i号字符，但通过指针来修改字符串常量的行为是没有意义的。

7.2.6　指针数组的定义格式

指针数组的定义形式如下：

```
类型标识 *数组名[整型常量表达式];
```

例如：

```
int *a[10];
```

指针数组和一般数组一样，允许指针数组在定义时初始化。指针数组的每个元素都是指针变量，它只能存放地址。因此，在对指向字符串的指针数组进行说明和赋初值时，就是把存放字符串的首地址赋值给指针数组的对应元素。

【例7-2】　指针数组使用实例。

```
#include"stdio.h"
int main()
{
  int a=10,b=20,C=30;
/*定义一个指针数组并初始化*/
```

```
  int *arr[3]={&a,&b,&C};//给每个元素初始化一个变量地址
  char *str[2]={"hello","world"};//把存放字符串的首地址赋值给指针数组的对应元素
  printf("%d,%d,%d\n",*arr[0],*arr[1],*arr[2]);
  printf("%s,%s\n",str[0],str[1]);
}
```

运行结果如图 7-7 所示。

图 7-7　运行结果

7.3　函数指针

7.3.1　函数指针定义

定义：函数指针是指指向函数的指针。像其他指针一样，函数指针也指向特定的类型。函数类型由其返回值及形参表确定，而与函数名无关。例如：

```
void ( *pf) ( char,int );
```

这个语句将 pf 声明为指向函数的指针，它所指向的函数带有一个 char 类型、一个 int 类型的形式参数，返回类型为 void。

可以这样理解：如果定义一个 int 型的指针：

```
int *p;
```

就是在变量声明前面加 *，即在 p 前面加上 * 号。而定义函数指针时要在函数声明前加 *，即函数声明为：

```
void pf( char,int );
```

函数声明前加 * 后变为：

```
void *pf(char,int);
```

若把 *pf 用小括号括起来，变为：

```
void ( *pf) ( char,int );
```

这就是函数指针的声明方法。

【例 7-3】　函数指针定义实例。

```
#include"stdio.h"
//定义一个函数指针,形参为一个 char 类型,一个 int 类型,返回类型为 void
void ( *pf)(char, int);
```

```
void fun(char ,int);//声明一个函数,形参为一个 char 类型,一个 int 类型,返回类型为 void
int main(void)
{
    pf=fun;        //函数指针 pf 赋值为 fun 函数的地址(函数名代表函数的地址)
    (*pf)('c',90);//调用 pf 指向的函数
}
void fun(char a,int b)
{
   printf("the argument  is %c and %d\n",a,b);
}
```

运行结果如图 7-8 所示。

```
E:\我的文档\tmp\fp.exe
the argument is c and 90
请按任意键继续. . .
```

图 7-8 运行结果

7.3.2 函数指针类型

函数指针类型相当冗长。若使用 typedef 为指针类型定义同义词，则可将函数指针的使用大大简化。例如：

```
typedef  void (*FUN) (char,int);
```

记忆方法：在函数指针声明 void (*FUN) (char, int) 前加上 typedef 关键字就是函数指针类型的声明。

该定义表示 FUN 是一种函数指针类型。该函数指针类型表示这样一类函数指针：指向返回 void 类型并带有一个 char 类型，一个 int 类型的函数指针。

【例 7-4】 定义函数指针实例。

```
#include"stdio.h"
typedef void (*FUN)(char, int);  //声明一个函数指针类型
void fun(char ,int);             //声明一个函数,形参为一个 char 类型,一个 int 类型,返回类型为 void
int main(void)
{
    FUN pf;
    pf=fun;                      //函数指针 pf 赋值为 fun 函数的地址(函数名代表函数的地址)
    (*pf)('c',90);               //调用 pf 指向的函数
}
void fun(char a,int b)
{
    printf("the argument is %c and %d\n",a,b);
}
```

运行结果如图 7-9 所示。

图 7-9　运行结果

7.3.3　通过指针调用函数

指向函数的指针可用于调用它所指向的函数。可以不需要使用解引用操作符，而直接通过指针调用此函数。例如：

```
void ( * pf)(char, int);
pf=fun;
```

两种调用方法如下：

```
( * pf)('C ',90);                    // 显式调用
pf('C ',90);                         // 隐式调用
```

【例 7-5】　通过指针调用函数测试实例。

```
#include"stdio.h"
/ * 声明一个函数指针,它所指向的函数形参带有一个 char 类型,一个 int 类型,返回类型为 void * /
void ( * pf)(char, int);
/ * 声明一个函数,形参为一个 char 类型,一个 int 类型,返回类型为 void * /
void fun(char ,int);
int main()
{
    pf=fun;                          //函数指针 pf 赋值为 fun 函数的地址(函数名代表函数的地址)
    ( * pf)('c ',90);                //调用 pf 指向的函数
    Pf('a',80);
}
void fun(char a,int b)
{
    printf("the argument is %c and %d\n",a,b);
}
```

运行结果如图 7-10 所示。

```
E:\我的文档\tmp\fp.exe
the argument is c and 90
the argument is a and 80
请按任意键继续. . .
```

图 7-10　运行结果

7.3.4 指针函数

函数可以返回整型、实型、字符型等类型的数据，还可以返回地址值，即返回指针值。我们称返回值为指针类型的函数为指针型函数。指针型函数在动态链表中经常使用。

定义指针型函数的语言格式如下：

```
类型名 * 函数名(参数表)
```

例如：

```
int * fun(int x,int y)
```

定义了一个函数 fun，调用它后能得到一个指向整数型数据的指针。

【例 7-6】 返回两个数中大数的地址。

程序代码如下：

```c
#include <stdio.h>
int * fun(int, int);
int main ()
{
        int i,j, * p;
        printf("enter two num to i,j:");
        scanf(" %d%d",&i,&j);
        p=fun(i,j);     //调用 fun,返回大效地址,赋值给指针变量 p
        printf("max= %d\n", * p);     //打印 p 指向的数据
}

int * fun(int x,int y)     // fun 函数返回形参 x,y 中较大数的地址(指针)
{
        int *z;
        if(x>y) z=&x;
        else z=&y;
        return z;
}
```

运行结果如图 7-11 所示。

```
C:\Users\xiazai\Desktop\main.exe
enter two num to i,j:10 15
max= 15
```

图 7-11 运行结果

7.4 等级考试重难点讲解与真题解析

本章节主要考查指针的基础知识与应用，包括指针的基本应用、指针和数组的关系、指针与字符串的应用、指针与函数的应用等。掌握指针型数据的使用，是深入理解C语言特性和掌握C语言编程技巧的重要环节。通过对历年试卷内容的分析，本模块属于重点考查内容。

7.4.1 一维数组及指针

（1）指向一维数组的指针

数组的指针就是数组名，是指数组的首地址。例如，有" int a [5];"，则a等价于&a [0]。

当有如下定义和赋值：

```
int a[5],* p;
p=a;
```

p就是指向一维数组的指针。C语言规定：如果指针变量p已指向数组中的一个元素，则p+1指向同一数组中的下一个元素，因此可以通过p指针的移动或（p+i）访问数组元素。

（2）一维数组元素的引用

一维数组元素的引用有如下几种方法：

① 下标法。

例如，数组a的5个元素可以表示为a [0]，a [1]，a [2]，a [3]，a [4]。

② 指针法。

例如，通过首地址引用数组a的5个元素可以表示为＊a，＊（a+1），＊（a+2），＊（a+3），＊（a+4）。

通过指针变量引用数组a的5个元素可以表示为＊p，＊（p+1），＊（p+2），+（p+3），(p+4)。

（3）通过带下标的指针变量引用。例如，引用数组a的5个元素可以表示为p [0]、p [1]、p [2]、p [3]、p [4]。

7.4.2 字符串与指针

在C语言中除了可以用字符数组表示字符串外，还可以用字符指针来表示。

（1）如果字符已经放在某个字符数组中，可以用赋值方式将指针变量指向该字符数组。以后可以用指针变量来处理字符数组中存放的字符串，也可以使用指针变量来处理其中的单个字符，处理方法类似于一维数组。例如：

```
char str[10]=" Hello",* p;
p=str;
```

（2）C语言允许指针直接使用字符串常量。例如：

```
char p="Hello";
```

或者

```
char * p;
p="Hello";
```

上述两种方法都是先让字符串常量占据连续空间，再将该空间的首地址赋值给指针变量。以后就可以使用该指针变量来处理字符串或字符串中的单个字符了。

7.5 真题解析

1. 有以下程序。

```
int main()
{
    char str[][20]={"One * world","One * Dream!"}, * p=str[1];
    printf("%d",strlen(p));
    printf("%s\n",p);
}
```

程序运行后的输出结果是（　　）。[2009 年 9 月]

A. 9，One * world　　　　B. 9，One * Dream!

C. 10，One * Dream!　　　　D. 10，One * wor

答案：C

解析：* p=str [1] ="One * Dream!"，strlen 是计算字符串长度的函数，不包含结束符。

2. 有以下程序。

```
int main()
{
    int m=1,n=2, * p=&m, * q=&n, * r;
    r=p;p=q;q=r;
    printf("%d, %d, %d, %d\n",m,n, * p, * q);
}
```

程序运行后的输出结果是（　　）。[2009 年 9 月]

A. 1，2，1，2　　　　B. 1，2，2，1

C. 2，1，2，1　　　　D. 2，1，1，2

答案：B

解析：定义了整型变量 m 并赋值为 1，整型变量 n 赋值为 2；并定义了整型指针变量 p 指向 m，q 指向 n；接着交换 p 和 q 指针，让 p 指向 n，q 指向 m，所以 * p 中是 n 的值 2，* q 中是 m 的值 1，这只是改变了指针的指向，并没有改变变量 m 和 n 中的内容，所以输出值是 1，2，2，1。

3. 若有定义语句“int a [4] [10]， * p， * q [40];”，且 0<=i<4，则错误的赋值是（　　）。[2009 年 9 月]

A. p=a　　　　B. q [i] =a [i]

C. p=a [i]　　　　D. p=&a [2] [1]

答案：A

解析：a是一个二维数组，若想用指针指向它，则需要用二级指针。

4. 下列函数的功能是（　　）。[2009年9月]

```
fun(char * a,char * b)
{
    while(( * b= * a)! ='\0')
    {a++;b++;}
}
```

A. 将a所指字符串赋给b所指空间

B. 使指针b指向a所指的字符串

C. 将a所指的字符串和b所指字符串比较

D. 检查a和b所指字符串中是否有'\0'

答案：A

解析：此题是陷阱题，在函数中，while的条件始终用的是=（赋值号）而不是==（等号），而且通过循环语句可以看出指针a和b是同时移动的，所以就是将a所指字符串的每个字符赋给b所指的空间，即b中存储a的内容。

5. 设有以下函数。

void fun (int n, char * s) {…}

则下面对函数指针的定义和赋值均正确的是（　　）。[2009年9月]

A. void (* pf) (); pf =fun;　　　　B. void * pf (); pf=fun;

C. void * pf (); * pf=fun;　　　　D. void (* pf) (int, char); pf=&fun;

答案：A

解析：函数指针的定义形式是“类型名（*指针变量名）();”。void (* pf) () 定义了一个没有返回值的函数指针pf。在给函数指针变量赋值时，只需给出函数名而不必给出参数。所以给pf赋值时，只把函数名fun赋给pf即可。

6. 设有定义“char * c;”，以下选项中能够使字符型指针C正确指向一个字符串的是（　　）。[2009年9月]

A. char str [] =" string"; c=str;　　　　B. scanf ("%s", c);

C. c=getchar ();　　　　D. * c=" string";

答案：A

解析：选项A是先定义一个字符数组后，再使用指针变量指向该数组。选项B和D中字符指针没有被赋值，所以指向一个不确定的区域，这个区域可能存放有用的指令或数据，在这个不确定的区域重新存放字符串，可以会发生无法预知的错误，选项C中getchar函数输入一个字符给字符型变量，而不是字符指针。

7. 设有定义" double x [10], * p=x;"，以下能给数组x下标为6的元素读入数据的正确语句是（　　）。[2011年3月]

A. scanf ("%f" , &x [6]);　　　　B. scanf (" %lf", * (x+6));

C. scanf ("%lf", p+6);　　　　D. scanf ("%1f", p [6]);

答案：C

解析：因为数组 x 定义为 double 类型，所以 A 中输入格式定义为%f 是错误的，B 和 D 中 * (x+6) 和 p [6] 都是指元素 x [6]，应该取地址，所以只有 C 正确。

8. 若有定义语句 "char s [3] [10], (*k) [3], *p;"，则以下赋值语句正确的是（　　）。[2011 年 3 月]

A. p=s;　　　　B. p=k;

C. p=s [0];　　　　D. k=s;

答案：C

解析：因为 s 是一个行指针，(*k) [3] 定义 k 为了指向一维数组的指针变量，所以 C 是正确的。(*k) [3] 定义的指针变量指向的一维数组大小为 3，而 s 的一维数组大小为 10，所以 D 是错误的。指针 P 是指向单字符的指针，所以 A 是错误的。

9. 若有定义语句 "double x [5] = {1.0, 2.0, 3.0, 4.0, 5.0}, *p=x;"，则错误引用 x 数组元素的是（　　）。[2008 年 9 月]

A. *p　　　　B. x [5]

C. * (p+1)　　　　D. *x

答案：B

解析：本题考查数组的下标是否越界，以及指针对变量的引用。A 选项 *p 表示 p 所指向单元的数据，即 x [0] 值为 1.0；C 选项 * (p+1) 表示 p+1 所指向单元的数据，即 x [1] 值为 2.0；D 选项 *x 表示 x 所指向单元的数据，即 x [0] 值为 1.0；B 选项 x [5] 下标越界。

10. 有以下程序：

```
#include <stdio.h>
int fun(int (*s)[4],int n,int k)
{
    int m,i;
    m=s[0][k];
    for(i=1;i<n;i++)
        if(s[i][k]>m)
            m=s[i][k];
    return m;
}
int main()
{
    int a[4][4]={{1,2,3,4},{11,12,13,14},{21,22,23,24},{31,32,33,34}};
    printf("%d\n",fun(a,4,0));
}
```

程序的运行结果是（　　）。[2008 年 9 月]

A. 4　　　B. 34　　　C. 31　　　D. 32

答案：C

解析：该题考查的是二维数组名作为实参进行参数传递。fun 函数的功能是求二维数组第 0 列中的最大值，在主函数中调用 fun（a，4，0），实参为二维数组名 a 和两个整数 4，0，这样 fun 函数对 s 进行操作实际上就是对主函数中的 a 进行操作，所以选 C。

7.6 思考与练习

7.6.1 选择题

1. 若有定义“char s [10];”，则以下表达式中不表示 s [1] 的地址的是（　　）。

A. s+1　　B. s++　　C. &a [1]　　D. &s [0] +1

2. 以下程序的输出结果是（　　）。

```
int main()
{
    printf("%d\n",NULL);
}
```

A. 因变量无定义输出不定值　　B. 0

C. −1　　D. 1

3. 程序段“char *p="abcdefgh"; p+=3; printf ("%s", p);”的运行结果是（　　）。

A. abc　　B. abcdefgh　　C. defgh　　D. efgh

4. 若已定义“int a [] = {1, 2, 3, 4, 5, 6, 7, 8, 9}, *p=a, i;”，其中 0<=i<=9，则对 a 数组元素的引用不正确的是（　　）。

A. a [p−a]　　B. * (&a [i])　　C. p [i]　　D. * (* (a+i))

5. 下列定义不正确的是（　　）。

A. char a [10] ="hello";　　B. char a [10], *p=a; p="hello";

C. char *a; a="hello";　　D. char a [10], *p; p=a="hello";

6. 若有定义“int (*p) [4];”，则标识符 p（　　）。

A. 是一个指向整型变量的指针

B. 是一个指针数组名

C. 是一个指针，指向一个含有 4 个整型元素的一维数组

D. 说明不合法

7. 若有定义和语句“char str1 [] ="string", str2 [8], *str3="string";”，则对库函数 strcpy 的调用不正确的是（　　）。

A. strcpy (str1, "HELLO1");　　B. strcpy (str2, "HELLO2");

C. strcpy (str2, str1);　　D. strcpy (str3, "HELLO4");

8. 以下程序的输出结果是（　　）。

```
int main()
```

```
{
    int a[10]={1,2,3,4,5,6,7,8,9,10}, *p=a;
    printf("%d\n", *(p+2));
}
```

A. 3　　B. 4　　C. 1　　D. 2

9. 有以下程序。

```
void prtv(int *x)
{
    printf("%d\n",++*x)
}
int main()
{
    int a=25;
    prtv(&a);
}
```

程序的输出结果是（　　）。

A. 23　　B. 24　　C. 25　　D. 26

7.6.2　编程题

1. 请编写函数，求传送过来的两个浮点数的和与差值，并通过形参传回调用函数。

2. 用指针编写函数，求一个整型数组的平均值。主函数调用测试。

3. 编写程序，在一个字符串的各个字符之间插入“*”成为一个新的字符串，如“abc”，执行程序后则输出“a* b*c”。

8 结构体

8.1 案例引入——成绩管理中信息的记录定义与数据处理

8.1.1 任务描述

假设学生成绩表见表 8-1。

表 8-1

no	name	s1	s2	s3	s4	ave
2021001	陈明	85	80	82	81	82.0
2021002	张红	87	85	90	80	85.5
2021003	周鹏	76	80	79	86	80.3

编写一个 C 程序，以结构体数组类型存储表 8-1 中学生的信息。循环计算 4 个课程成绩的平均分，并按平均分由大到小排序，打印学生名次、学号、姓名、4 门课程成绩及平均分。等待用户按键结束程序 getch ()。

大致步骤如下：

（1）定义学生成绩单结构类型。

（2）设计输入函数，录入所有学生信息，并计算每个学生 4 门课程成绩的平均分。

（3）设计排序函数，利用选择法按学生的平均分进行排序。

（4）设计输出函数，打印所有学生的名次、学号、姓名、4 门课程的成绩及平均分。

（5）主函数中调用输入函数完成信息的录入和计算，调用排序函数完成排序，调用输出函数分别打印排序前和排序后的学生信息。

8.1.2 任务目标

（1）能够用结构体数据类型表述客观事物。

（2）能够定义和赋值结构体数据类型的变量。

（3）能够熟练运用结构体数组、指针。

（4）能够掌握结构体的基本概念。

（5）培养数据处理的逻辑思维能力。

源代码展示

```
#include <stdio.h>
#include<stdlib.h>
#define N 3

typedef struct stul
{
    char no[10],name[10];
    int t[4];
    float ave;
}S;
void input(S stud[]);
void sort(S stud[]);
void output(S stud[]);

int main()
{
    S student[N];
    input(student);
    system("cls");
    printf("\n*****************学生信息****************\n");
    output(student);
    sort(student);
    printf("\n\n***********对按照平均分排序后的学生信息***********\n");
    output(student);
}

void input(S stud[ ])
{
    int i,j,k;
    float sum;
    for(i=0;i<N;i++)
    {
        printf("请输入第%d位学生信息\n",i+1);
        printf("请输入该生学号:"),
        scanf("%s",stud[i].no);
        printf("请输入该生姓名:");
        scanf("%s",stud[i].name);
        printf("请输入该生4个任务的成绩:");
        sum=0;
```

```
        for(j=0;j<4;j++)
        {
                scanf("%d",&stud[i].t[j]);
                sum+=stud[i].t[i];
        }
        stud[i].ave=sum/4;
    }
}
void sort(S stud[])
{
    int i,j,k;
    S t;
    for(i=0;i<N-1;i++)
    {
        k=i;
        for(j=i+1;j<N;j++)
            if(stud[j].ave>stud[k].ave)k=j;
        if(k!=i)
        {
                t=stud[i];
                stud[i]=stud[k];
                stud[k]=t;
        }
    }
}
void output(S stud[])
{
    int i,j;
    printf("\n名次      学号  姓名  成绩1  成绩2  成绩3  成绩4  平均分\n");
    for(i=0;i<N;i++)
    {
        printf("%4d %10s %6s ",i+1,stud[i].no,stud[i].name);
        for(j=0;j<4;j++)
        printf("%6d",stud[i].t[j]);
        printf("%8.1f\n",stud[i].ave);
    }
}
```

程序运行结果如图 8-1 所示。

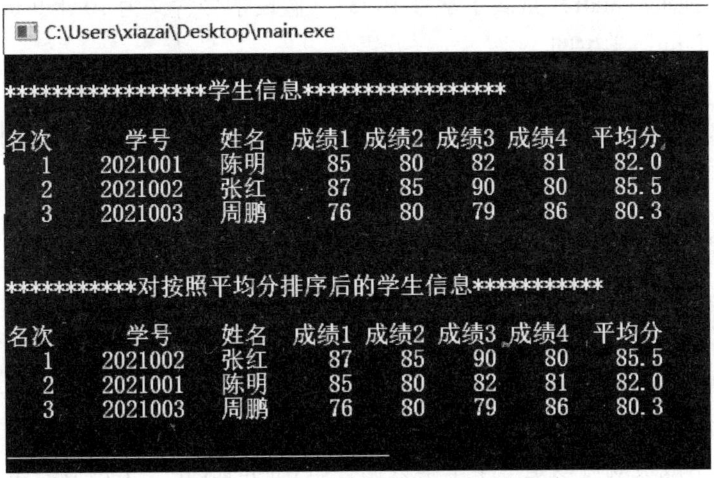

```
C:\Users\xiazai\Desktop\main.exe

*****************学生信息*****************

名次      学号      姓名   成绩1  成绩2  成绩3  成绩4   平均分
  1     2021001    陈明     85     80     82     81     82.0
  2     2021002    张红     87     85     90     80     85.5
  3     2021003    周鹏     76     80     79     86     80.3

***********对按照平均分排序后的学生信息***********

名次      学号      姓名   成绩1  成绩2  成绩3  成绩4   平均分
  1     2021002    张红     87     85     90     80     85.5
  2     2021001    陈明     85     80     82     81     82.0
  3     2021003    周鹏     76     80     79     86     80.3
```

图 8-1　成绩管理中信息的记录定义与数据处理程序运行结果

8.1.3　程序分析

本程序用 typedef 定义了一个结构体类型 S，定义三个函数。input 函数实现对所有学生信息的录入，利用循环完成对每个学生 4 门课程成绩的计算。sort 函数利用选择法按照学生的平均分进行信息排序（注意同类型结构体变量之间可以直接交换数据）。output 函数实现对学生所有信息的输出。在主函数中，调用输入函数完成信息的录入和计算，调用排序函数完成排序，调用输出函数分别打印排序前的学生信息和排序后的学生信息。

8.1.4　知识点讲解

前面章节中我们学习了一种十分有用的数据结构——数组，但数组只能用来存放一组相同类型的数据。但在实际应用中，一组数据通常是由不同类型的数据组成的。例如，在成绩管理系统中，学生的信息包括学号、姓名、性别、年龄、高等数学、大学英语、计算机基础等数据项，各数据项的数据类型不尽相同。为此，C 语言提供了“结构体”数据类型，它可以把多个数据项组合起来，作为一个整体数据进行处理。

8.2　结构体概述

本书前面已经介绍过基本数据类型（如字符型、整型等），还介绍了一种构造类型数据——数组，数组中的元素都是属于同一个类型的。

在实际编程过程中仅有这些数据类型是不够的，有时需要将不同类型的数据组合成一个有机整体，以便于引用。这些组合在一个整体中的数据是相互联系的，在嵌入式 C 语言中允许用户自己定义这样一种数据结构，它被称为结构体（structure）。

例如，在学生登记表中，一个学生的学号、姓名、性别、年龄、成绩和家庭地址等项都是和该学生相联系的，如图 8-2 所示。可以看到性别（sex）、年龄（age）、成绩

(score)、家庭地址（addr）是属于学号10923（假设学号含义为10年9班第23名学生）和姓名为“liufang”学生的。

num	name	sex	age	score	addr
10923	liufang	E	19	86.9	shenzhen

图8-2　学生登记表实例

学号可为整型；姓名为字符型数组；性别应为字符型；年龄应为整型；成绩可为整型或实型；家庭地址为字符型数组。显然不能用一个数组来存放这组数据。因为数组中各元素的类型和长度都必须一致，以便于编译系统处理。为了解决这个问题，C语言中给出了另一种构造数据类型——“结构（structure)”或称为“结构体”（结构体定义同上)。它相当于其他高级语言中的记录。“结构”是一种构造类型，它是由若干“成员”组成的。每一个成员既可以是一个基本数据类型，同时又是一个构造类型。结构是一种“构造”而成的数据类型，那么在说明和使用之前必须首先定义它，也就是构造它。如同在说明和调用函数之前要首先定义函数一样。

定义一个结构的一般形式如下：

```
struct 结构名
{成员表列};
```

成员表列由若干个成员组成，每个成员都是该结构的一个组成部分。对每个成员也必须做类型说明，其形式如下：

```
类型说明符 成员名;
```

成员名的命名应符合标识符的书写规定。

【例8-1】　结构定义实例。

```
struct stu
{
    int num ;
    char name[20];
    char sex ;
    int age ;
    float score ;
    char addr[30];
};
```

在这个结构定义中，结构名为stu，该结构由6个成员组成。第一个成员为num，整型变量；第二个成员为name，字符数组；第三个成员为sex，字符变量；第四个成员为age，整型变量；第五个成员为score，实型变量；第六个成员为addr，字符数组。应注意在括号后的分号是不可少的。结构定义之后，即可进行变量说明。凡说明为结构stu的变量都由上述6个成员组成。由此可见，结构是一种复杂的数据类型，是数目固定、类型不同的若干有序变量的集合。

8.3 结构体变量

8.3.1 结构体变量定义

说明结构体变量有以下三种方法。以下以前面定义的 stu 为例加以说明。

首先定义结构，再说明结构体变量。

【例 8-2】

```
struct stu
{
    int num ;
    char name[20];
    char sex ;
    int age ;
    float score ;
    char addr[30];
};
struct stu name1,name2 ;
```

本例说明了两个变量 name1 和 name2 为 stu 结构类型。也可以用宏定义使用一个符号常量来表示一个结构类型。

【例 8-3】

```
#define STU struct stu
STU
{
    int num ;
    char name[20];
    char sex ;
    int age ;
    float score ;
    char addr[30];
};
STU name1,name2 ;
```

本例在定义结构类型的同时说明结构变量。

【例 8-4】

```
struct stu
{
    int num ;
    char name[20];
    char sex ;
    int age ;
```

```
    float score ;
    char addr[30];
}name1,name2 ;
```

本例直接说明结构变量。这种形式说明的一般形式如下：

```
struct 结构名
{
成员表列
}变量名表列 ;
```

【例 8-5】

```
struct
{
    int num ;
    char name[20];
    char sex ;
    int age ;
    float score ;
    char addr[30];
}name1,name2 ;
```

本例这种形式说明的一般形式如下：

```
struct
{
成员表列
}变量名表列 ;
```

例 8-5 的方法与例 8-4 的方法的区别在于例 8-5 方法中省去了结构名，而直接给出结构变量。

说明了 name1、name2 变量为 stu 类型后，即可向这两个变量中的各个成员赋值。在上述 stu 结构定义中，所有成员都是基本数据类型或数组类型。

成员也可以又是一个结构，即构成了嵌套的结构。例如，表 8-2 给出了另一个数据结构。

表 8-2 数据结构

num	name	sex	birthday			score
			month	day	year	

按表 8-2 可给出以下结构定义。

【例 8-6】

```
struct date
{
    int month ;
    int day ;
```

```
    int year ;
};
struct
{
    int num ;
    char name[20];
    char sex ;
    struct date birthday ;
    float score ;
}name1,name2 ;
```

首先定义一个结构 date，由 month（月）、day（日）、year（年）三个成员组成。在定义并说明变量 name1 和 name2 时，其中的成员 birthday 被说明为 data 结构类型。成员名可与程序中其他变量同名，互不干扰。

8.3.2 结构变量成员的表示方法

在程序中使用结构变量时，往往不把它作为一个整体来使用。在 ANSIC 中除了允许具有相同或类型结构变量相互赋值以外，一般对结构变量的使用，包括赋值、输入、输出、运算等，都是通过结构变量的成员来实现的。

表示结构变量成员的一般形式如下：

```
结构变量名.成员名
```

例如：

```
name1.num            //即第一个人的学号
name2.sex            //即第二个人的性别
```

如果成员本身又是一个结构，则必须逐级找到最低级的成员才能使用。

例如：

```
name1.birthday.month
```

即排名第一人出生的月份成员可以在程序中单独使用，与普通变量完全相同。

8.4 结构变量的初始化和赋值

8.4.1 结构变量的初始化

和其他类型变量一样，结构变量可以在定义时进行初始化赋值。

【例 8-7】 对结构变量初始化。

```
void main(void)
{
    /*定义结构*/
    struct stu
```

```
    {
        int num ;
        char * name ;
        char sex ;
        float score ;
    }
    name2,name1=
    {
        102,"Zhang ping",'M',78.5
    } ;
    name2=name1;
    printf("Number= % d\nName= % s\n",name2.num,name2.name);
    printf("Sex= % c\nScore= % f\n",name2.sex,name2.score);
}
```

本例中，name2，name1均被定义为外部结构变量，并对name1进行了初始化赋值。在main函数中，把name1的值整体赋予name2，然后用两个printf语句输出name2各成员的值。

8.4.2 结构变量的赋值

结构变量的赋值就是给各成员赋值。可用输入语句或赋值语句来完成。

【例8-8】 给结构变量赋值并输出其值。

```
void main(void)
{
    struct stu
    {
        int num ;
        char * name ;
        char sex ;
        float score ;
    }
    name1,name2 ;
    name1.num=102 ;
    name1.name="Zhang ping" ;
    printf("input sex and score\n");
    scanf(" % c  % f",&name1.sex,&name1.score);
    name2=name1 ;
    printf("Number= % d\nName= % s\n",name2.num,name2.name);
    printf("Sex= % c\nScore= % f\n",name2.sex,name2.score);
}
```

本程序中用赋值语句给num和name两个成员赋值，name是一个字符串指针变量。首先用scanf函数动态地输入sex和score成员值，然后把name1的所有成员的值整体赋予 name2，最后分别输出 name2 的各个成员值。本例演示了结构变量的赋值、输入和输出的方法。

8.5 结构数组的定义

因为数组的元素也可以是结构类型的，所以可以构成结构型数组。结构数组的每一个元素都具有相同结构类型的下标结构变量。在实际应用过程中，经常用结构数组表示具有相同数据结构的一个群体。如一个班的学生档案、一个车间职工的工资表等。

定义方法和结构变量相似，只需说明它为数组类型即可。

【例 8-9】

```
struct stu
    {
      int num;
      char *name;
      char sex;
      float score;
}name[5];
```

本例定义了一个结构数组 name，共有 5 个元素，name [0] ～name [4]。每个数组元素都具有 struct stu 的结构形式。对结构数组可以进行初始化赋值。

【例 8-10】

```
struct stu
    {
        int num;
        char *name;
        char sex;
        float score;
    }name[5]={
            {101,"Li ping","M",45},
            {102,"Zhang ping","M",62.5},
            {103,"He fang","F",92.5},
            {104,"Cheng ling","F",87},
            {105,"Wang ming","M",58},
}
```

当对全部元素做初始化赋值时，也可以不给出数组长度。

【例 8-11】 计算学生的平均成绩和不及格的人数。

```
struct stu
{
    int num;
    char *name;
    char sex;
```

```
    float score;
}name[5]={
            {101,"Li ping",'M',45},
            {102,"Zhang ping",'M',62.5},
            {103,"He fang",'F',92.5},
            {104,"Cheng ling",'F',87},
            {105,"Wang ming",'M',58},
        };
void main(void)
{
    int i,C=0;
    float ave,s=0;
    for(i=0;i<5;i++)
    {
      s+=name[i].score;
      if(name[i].score<60) C+=1;
    }
    printf("s=%f\n",s);
    ave=s/5;
    printf("average=%f\ncount=%d\n",ave,C);
}
```

在本例程序中定义了一个外部结构数组 name，共 5 个元素，并进行了初始化赋值。在 main 函数中用 for 语句逐个累加各元素的 score 成员值并存于 s 之中，如果 score 的值小于 60（不及格）则计数器 c 加 1，循环完毕后计算平均成绩，并输出全班总分、平均分和不及格人数。

【例 8-12】 建立同学通讯录。

```
#include"stdio.h"
#define NUM 3
struct mem
{
    char name[20];
    char phone[10];
};
void main(void)
{
    struct mem man[NUM];
    int i ;
    for(i=0;i<NUM;i++)
    {
        printf("input name:\n");
        gets(man[i].name);
        printf("input phone:\n");
```

```
        gets(man[i].phone);
    }
    printf("name\t\t\tphone\n\n");
    for(i=0;i<NUM;i++)
    printf("%s\t\t\t%s\n",man[i].name,man[i].phone);
}
```

在本程序中定义了一个结构 mem，它有两个成员 name 和 phone，用来表示姓名和电话号码。在主函数中定义 man 为具有 mem 类型的结构数组。在 for 语句中，首先用 gets 函数分别输入各个元素中两个成员的值，然后又在另一个 for 语句中用 printf 语句输出各元素中两个成员值。

8.6 结构指针变量的说明和使用

8.6.1 指向结构变量的指针

当一个指针变量用来指向一个结构变量时，称为结构指针变量。结构指针变量中的值是所指向的结构变量的首地址。通过结构指针即可访问该结构变量，这与数组指针和函数指针的情况是相同的。

结构指针变量说明的一般形式如下：

```
struct 结构名 *结构指针变量名
```

例如，在前面的例题中定义了 stu 这个结构，如果要说明一个指向 stu 的指针变量 pstu，则可写为如下形式：

```
struct stu *pstu;
```

当然，也可以在定义 stu 结构的同时说明 pstu。与前面讨论的各类指针变量相同，结构指针变量也必须首先赋值后才能使用。

赋值就是把结构变量的首地址赋予该指针变量，但是不能把结构名赋予该指针变量。如果 name 是被说明为 stu 类型的结构变量，则“pstu=&name”是正确的，而“pstu=&stu”是错误的。

结构名和结构变量是两个不同的概念，不能混淆。结构名只能表示一个结构形式，编译系统并不对它分配内存空间，只有当某个变量被说明为这种类型的结构时，才对该变量分配存储空间。因此，&stu 这种写法是错误的，不可能获取一个结构名的首地址。有了结构指针变量，就能更方便地访问结构变量的各个成员。

其访问的一般形式如下：

```
(*结构指针变量).成员名        或为：    结构指针变量->成员名
```

例如：

```
(*pstu).num        或者：    pstu->num
```

应该注意“(*pstu)”两侧的括号不可少，因为成员符“.”的优先级高于“*”。

如果去掉括号写为“*pstu.num”则等效于“*(pstu.num)”，意义就完全不对了。

下面通过例子来说明结构指针变量的具体说明和使用方法。

【例 8-13】

```
struct stu
  {
      int num;
      char *name;
      char sex;
      float score;
  } name1={102,"Zhang ping",'M',78.5},*pstu;
void main(void)
{
    pstu=&name1;
    printf("Number=%d\nName=%s\n",name1.num,name1.name);
    printf("Sex=%c\nScore=%f\n\n",name1.sex,name1.score);
    printf("Number=%d\nName=%s\n",(*pstu).num,(*pstu).name);
    printf("Sex=%c\nScore=%f\n\n",(*pstu).sex,(*pstu).score);
    printf("Number=%d\nName=%s\n",pstu->num,pstu->name);
    printf("Sex=%c\nScore=%f\n\n",pstu->sex,pstu->score);
}
```

本例程序不仅定义了一个结构 stu，还定义了 stu 类型结构变量 name1，并进行了初始化赋值，而且定义了一个指向 stu 类型结构的指针变量 pstu。在 main 函数中，pstu 被赋予 name1 的地址，因此 pstu 指向 name1。然后在 printf 语句内用三种形式输出 name1 的各个成员值。从运行结果可以看出：

```
结构变量.成员名
(*结构指针变量).成员名
结构指针变量->成员名
```

这三种用于表示结构成员的形式是完全等效的。

8.6.2 指向结构数组的指针

指针变量可以指向一个结构数组，这时，结构指针变量的值是整个结构数组的首地址。结构指针变量也可指向结构数组的一个元素，这时，结构指针变量的值是该结构数组元素的首地址。

假设 ps 为指向结构数组的指针变量，则 ps 指向该结构数组的 0 号元素（第 0 号结构体数组），ps+1 指向 1 号元素，ps+i 则指向 i 号元素。这与普通数组的情况是一致的。

【例 8-14】 用指针变量输出结构数组。

```
struct stu
{
```

```
    int num;
    char * name;
    char sex;
    float score;
}name[5]={
        {101,"Zhou ping",'M',45},
        {102,"Zhang ping",'M',62.5},
        {103,"Liu fang",'F',92.5},
        {104,"Cheng ling",'F',87},
        {105,"Wang ming",'M',58},
    };
void main(void)
{
struct stu * ps;
printf("Num\tName\t\t\tSex\tScore\t\n");
for(ps=name;ps<name+5;ps++)
printf("%d\t%s\t\t%c\t%f\t\n",ps->num,ps->name,ps->sex,ps->score);
}
```

在程序中，定义了 stu 结构类型的外部数组 name 并进行了初始化赋值。在 main 函数内定义 ps 为指向 stu 类型的指针。在循环语句 for 的表达式中，ps 被首先赋予 name 的首地址，然后循环 5 次，用于输出 name 数组中各成员值。

应该注意的是，一个结构指针变量虽然可以用来访问结构变量或结构数组元素的成员，但是，不能使它指向一个成员，也就是说，不允许获取一个成员的地址来赋予它。因此，下面的赋值是错误的：

```
ps=&name[1].sex;
```

而只能是：

```
ps=name;              //赋予数组首地址
```

或者是：

```
ps=&name[0];          //赋予 0 号元素首地址
```

8.6.3 结构指针变量作为函数参数

在 ANSIC 标准中允许用结构变量作为函数参数进行整体传送。但是这种传送要将全部成员逐个传送，特别是成员为数组时将会使传送的时间和空间开销很大，严重地降低了程序的效率。因此，最好的办法就是使用指针，即用指针变量作为函数参数传送。这时，由实参传向形参的只是地址，从而减少了时间和空间的开销。

【例 8-15】 计算一组学生的平均成绩和不及格人数。用结构指针变量作为函数参数编程。

```
struct stu
```

```
{
    int num;
    char *name;
    char sex;
    float score;}name[5]={
        {101,"Li ping",'M',45},
        {102,"Zhang ping",'M',62.5},
        {103,"He fang",'F',92.5},
        {104,"Cheng ling",'F',87},
        {105,"Wang ming",'M',58},
     };
int main(void)
{
    struct stu *ps;              //定义 ps 为结构体指针变量
    void ave(struct stu *ps);    //函数声明
    ps=name;
    ave(ps);
}
void ave(struct stu *ps)
{
    int C=0,i;
    float ave,s=0;
    for(i=0;i<5;i++,ps++)
      {
        s+=ps->score;
        if(ps->score<60) C+=1;
      }
    printf("s=%f\n",s);
    ave=s/5;
    printf("average=%f\ncount=%d\n",ave,C);
}
```

在本程序中定义了函数 ave，其形参为结构指针变量 ps。name 被定义为外部结构数组，因此在整个源程序中有效。首先在 main 函数中定义说明了结构指针变量 ps，并把 name 的首地址赋予它，使 ps 指向 name 数组。然后以 ps 作为实参调用函数 ave。在函数 ave 中完成计算平均成绩和统计不及格人数的工作并输出结果。

由于本程序全部采用指针变量进行运算和处理，所以速度更快、效率更高。

【例 8-16】 假设有若干人员的数据，其中有老师和学生。学生的数据中主要包括姓名、号码、性别、职业、班级；老师的数据主要包括姓名、号码、性别、职业、职务。要求可以输入人员的数据，能够输出它们的资料，并把资料放在同一个表格中（也就是只能用一个结构体，根据职业的不同，再选择是班级还是职务）。

```
#include <stdio.h>
```

```
struct INFORMATION
{
    char name[20];
    int no;
    char sex;
    char job;
    union POSITION
    {
        int classno;
        char position[20];
    }pos;
};

int main()
{
    struct INFORMATION person[2];
    int i = 0;
    printf("请输入学生/老师的基本信息! \n");
    for(i = 0; i < 2; i++)
    {
        printf("----------------------\n");
        printf("请输入姓名:");
        scanf("%s", person[i].name);
        printf("请输入编号:");
        scanf("%d", &person[i].no);
        printf("请输入性别(F/M):");
        fflush(stdin);
        scanf("%C", &person[i].sex);
        printf("请输入职业(s/t):");
        fflush(stdin);
        scanf("%C", &person[i].job);
        if(person[i].job == 's')
        {
            printf("请输入班级:");
            scanf("%d", &person[i].pos.classno);
        }
        else if(person[i].job == 't')
        {
            printf("请输入职务:");
            scanf("%s", person[i].pos.position);
        }
        printf("----------------------\n");
        printf("\n");
```

```
    }

    printf("-------------------------------\n");
    printf("NAME\tNO\tSEX\tJOB\tPOSITION\n");
    for(i = 0; i < 2; i++)
    {
        if(person[i].job == 's')
            printf("%s\t%d\t%C\t%C\t%d\n", person[i].name, person[i].no,\ person[i]
.sex, person[i].job, person[i].pos.classno);
        else if(person[i].job == 't')
            printf("%s\t%d\t%C\t%C\t%s\n", person[i].name, person[i].no,\ person[i]
.sex, person[i].job, person[i].pos.position );
        }
        printf("-------------------------------\n");
        return 0;
}
```

8.6.4 结构体函数

函数的返回值除了可以是基本数据类型的数据外，还可以是结构体类型的数据，返回结构体类型数据的函数就是结构体函数。

【例 8-17】 编写程序，在被调函数 readin 中输入学生的成绩，在主函数中输出其平均成绩。

```
#include <stdio.h>
struct student
{
    char name[10];
    float s[3];
    float ave;
};
struct student readin()
{
    struct student S;
    int i;
    float x;
    printf("input data:\n");
    scanf("%s",S.name);
    for(i=0;i<3;i++)
    {
        scanf("%f",&x);
        S.s[i]=x;
    }
    return S;
```

```
}

void average(struct student *p)
{
    p->ave=(p->s[0]+p->s[1]+p->s[2])/3;
}

int main()
{
    struct student stu;
    stu=readin();
    average(&stu);
    printf("%s的平均分是：%0.1f\n",stu.name,stu.ave);
}
```

程序运行结果如下：

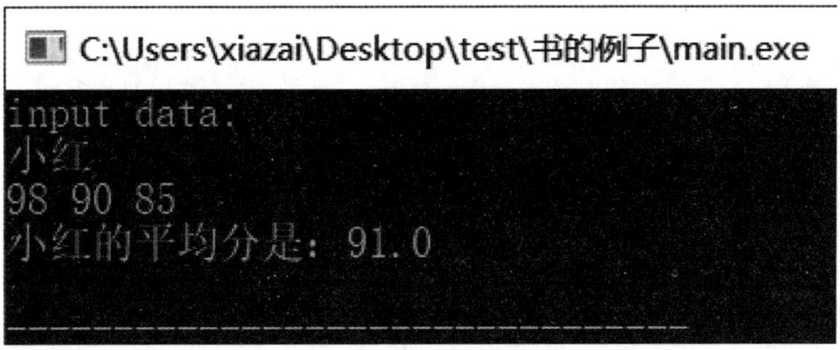

```
C:\Users\xiazai\Desktop\test\书的例子\main.exe
input data:
小红
98 90 85
小红的平均分是：91.0
```

8.6.5 结构体指针函数

结构体类型的指针也可以作为函数的返回值。结构体指针函数在链表中经常使用到。

【例 8-18】 编写程序，实现【例 8-16】的功能，将 average 函数设计为结构体指针函数。

程序代码如下：

```
#include <stdio.h>
struct student
{
    char name[10];
    float s[3];
    float ave;
};
struct student readin()
{
    struct student S;
```

```
    int i;
    float x;
    printf("input data:\n");
    scanf("%s",S.name);
    for(i=0;i<3;i++)
    {
        scanf("%f",&x);
        S.s[i]=x;
    }
    return S;
}
struct student* average(struct student *p) /* 结构体指针函数 */
{
    p->ave=(p->s[0]+p->s[1]+p->s[2])/3;
    return p;
}

int main()
{
    struct student stu, *s;
    stu=readin();
    s=average(&stu);
    stu.ave=s->ave;
    printf("%s的平均分是:%0.1f\n",stu.name,stu.ave);
}
```

程序运行结果：

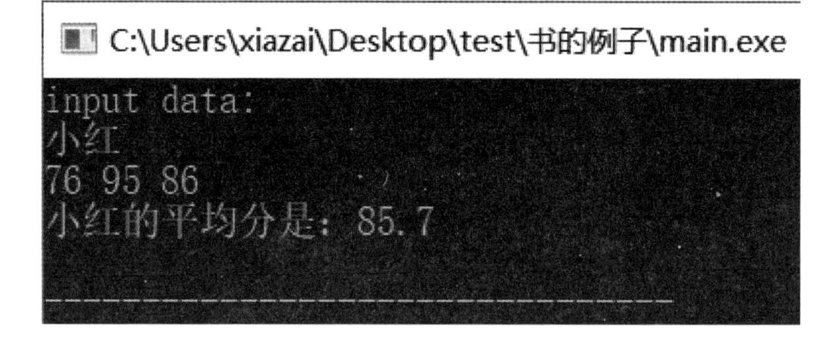

8.7 定义类型别名

C 语言还允许使用关键字 typedef 由用户自己定义有一定字面含义的新类型名，并用这些类型名说明变量，以提高程序的可读性，简化书写。

8.7.1 定义已有的类型别名

定义已有类型的别名不是定义新的数据类型，而是给已经存在的数据类型名再定义一个新名字，用它代替已存在的数据类型名来进行变量的说明，以使程序更容易理解和识别，也可以提高可移植性。

定义新类型的语法格式如下：

```
typedef 类型 类型的别名;
```

这里的“类型”必须是在此语句之前已有定义的类型标识符，可以是任何基本类型、结构或联合类型，也可以是 typedef 定义的类型名。

例如，用自定义类型 INTEGER 代替已有类型 int，用自定义类型 REAL 代替已有类型 float.

```
typedef int INTEGER;
typedef float REAL;
INTEGER m,n;     /* 等价于 int m,n; */
REAL a,b;        /* 等价于 float a,b, */
```

8.7.2 定义构造类型的别名

先定义构造类型名，再用自定义类型名定义变量。例如：

```
typedef struct
{
    char name[12];
    char sex;
    struct date birthday;
    float score[4]
}STD;
STD std,pers[3], * p;
```

需要说明以下几点：

(1) 用 typedef 只是为已经存在的类型增加一个类型名，而没有创造新的类型。

(2) 新类型名一般用大写表示，以便区别。

(3) 也可用宏定义来代替 typedef 的功能，但是宏定义是由预处理完成的，而 typedef 则是在编译时完成的，后者更为灵活、方便。

(4) 用 typedef 定义数组、指针、结构体等类型很方便，不仅使程序书写简单，而且使程序意义更为明确，也增强了程序的可读性。

(5) 当不同源文件中用到同一类型数据时，常用 typedef 声明一些数据类型，把它们单独放在一个文件中，再在需要的文件中用#include 把它们包含进来即可。

8.8 等级考试重难点讲解与真题解析

本章节属于C语言程序设计提高部分，要求重点掌握结构体数据类型的概念及应用。结构体是必考知识点，在笔试中占一定的分值，上机考试中3种题型均有体现，考核概率很高，一般主要在程序设计题中。

8.9 重点、难点解析

1. 结构体

（1）结构体类型的定义

定义结构体类型的语法格式如下：

```
struct 结构体类型名
{
        数据类型 1 成员名 1;
        数据类型 2 成员名 2
        …
        数据类型 n 成员名 n;
};
```

（2）结构体变量和结构体数组的定义

有3种方法可以定义结构体变量和结构体数组：先定义结构体类型，然后定义变量、数组；同时定义结构体类型和结构体变量、数组；定义匿名结构体类型的同时定义结构体变量、数组。

各成员占据连续空间的不同地址，所占内存大小等于各成员所占内存之和。

（3）结构体变量、数组的初始化

例如：

```
struct student
{
      char name[10];
      int age;
}x={"zhang",16},s[2]={{"wei",15},{"wang",17}};
```

（4）结构体变量的引用

在程序中使用结构体变量时，往往不把它作为一个整体来使用。在ANSIC中除了允许具有相同类型的结构体变量相互赋值外，其余处理均通过结构体变量的成员来实现。

2. 指针与结构体

结构体指针变量的定义形式如下：

```
struct 结构体类型名 *结构体指针变量名;
```

例如，有如下结构体指针定义：

```
struct student
{
```

```
    char name[10],
    int age,
}x, * p=&x;
```

则结构体变量 x 的成员引用有以下 3 种等价形式：

(1) x. age;

(2) (* p) . age;

(3) p－>age;

8.10 真题解析

1. 下面结构体类型的定义语句中，错误的是（　　）。[2009 年 9 月]

A. struct ord {int x; int y; int z;}; struct ord a;

B. struct ord {int x; int y; int z;} struct ord a;

C. struct ord {int x; int y; int z;} n;

D. struct {int x; int y; int z;} a;

答案：B

解析：定义结构体变量的方法有 4 种。其中 A 项是先说明结构体类型，再单独定义变量；C 项是紧跟在结构体类型说明之后进行变量定义；D 项是在说明一个匿名结构体类型的同时，直接进行定义。这 3 种方法都是正确的，只有 B 选项是错误的。

2. 有以下程序：

```
struct A
{
    int a;
    char b[10];
    double C;
};

struct A f(struct A t);     //函数声明

int main()
{
    struct A a={1001,"ZhangDa",1098.0};
    a=f(a);
    printf(" %d, %s, %6.1f\n",a.a,a.b,a.C);
}
struct A f(struct A t)
{
    t.a=1002;
    strcpy(t.b,"ChangRong");
    t.C=1202.0;
```

```
    return t;
}
```

程序运行后的输出结果是（　　）。[2009 年 9 月]

A. 1001，ZhangDa，1098.0　　B. 1002，ZhangDa，1202.0

C. 1001，ChangRong，1098.0　　D. 1002，ChangRong，1202.0

答案：D

解析：本题考查结构体变量的赋值。通过 f 函数，将 1001，ZhangDa，1098.0 一一对应赋值给函数 f 的形参，在函数中将 a 值改为 1002，b 值改为 ChangRong，c 值改为 1202.0，并将 t 返回时给 a。所以给出结果为 1002，ChangRong，1202.0。

3. 设有定义“struct {char mark [12]; int num1; double num2;} t1，t2;”，若变量均已正确赋初值，则以下语句中错误的是（　　）。[2011 年 3 月]

A. t1=t2;　　B. t2. num1=t1. num1;

C. t2. mark=t1. mark;　　D. t2. num2=t1. num2;

答案：C

解析：结构体变量允许整体赋值，所以 A 正确；对结构体变量成员的操作与同类型的变量操作相同，B、D 正确，但 C 错误，因为两个字符数组不能直接赋值，须使用 stycpy。

4. 有以下程序。

```
struct ord
{
    int x,y;
}dt[2]={1,2,3,4};
int main()
{
    struct ord *p=dt;
    printf("%d,",++(p->x));
    printf("%d,",++(p->y));
}
```

程序运行后的输出结果是（　　）。[2011 年 3 月]

A. 1，2　　B. 4，1　　C. 3，4　　D. 2，3

答案：D

解析：语句“struct ord * p=dt ;”定义一个结构体指针指向结构体数组 dt，即指向 dt [0] 的地址，dt [0] . x=1，d [1] . y=2，所以执行后面的输出语句后结果为 2，3。

5. 有如下程序。

```
#include <stdio.h>
int main()
{
struct STU
```

```
{
    char name[9];
    char sex;
    double score[2];
};
struct STU a={"Zhao",'m',85.0,90.0},b={"Qing",'f',95.0,92.0};
b=a;
printf("%s,%C,%2.0f,%2.0f\n",b.name,b.sex,b.score[0],b.score[1]);
}
```

程序的运行结果是（　　）。[2008 年 9 月]

A. Qing，f，95，92　　B. Qing，f，85，90

C. Zhao，f，95，92　　D. Zhao，m，85，92

答案：D

解析：在 main 函数中分别定义了两个结构体变量 a 和 b，语句“b=a;”将 a 的所有信息赋值给 b，因此选 D。

8.11 思考与练习

8.11.1 选择题

1. 设有如下定义：

```
struct sk
{
    int a;
    float b;
}data, *p;
```

若有“p=&data;”，则正确引用 data 中的 a 域的是（　　）。

A. （*p）. data. a　　B. （*p）. a

C. p－>data. a　　D. p. data. a

2. 定义以下结构体数组。

```
struct C
{
    int x;
    int y;
}s[2]={1,3,2,7};
```

语句“printf ("%d", s [0] . x*s [1] . x)”的输出结果为（　　）。

A. 14　　B. 6　　C. 2　　D. 21

3. 有以下说明和定义语句。

```
struct student
```

```
{
    int age;
    char num[8];
}
struct student stu[3] = {{20,"202001"},{21,"202002"},{19,"202003"}};
struct student *p=stu;
```

以下选项中引用结构体变量成员的表达式错误的是（　　）。

A. (p++) ->num　　　　B. p->num

C. (*P) . num　　　　D. stu [3] . age

4. 有以下程序。

```
int main()
{
    struct cmplx
    {
        int x,int y;
    }cnum[2]={1,3,2,7};
    printf("%d\n",cnum.[0].y/cnum[0].x*cnum[1].x);
}
```

程序的输出结果是（　　）。

A. 0　　　　B. 1　　　　C. 3　　　　D. 6

5. 运行下列程序段，输出结果是（　　）。

```
struct country
{
    int num;
    char name[10];
}x[5]={1,"China",2,"USA",3,"France",4,“England",5,"Spanish"};
struct country *p;
p=x+2;
printf("%d, %C", p->num,(*p).name[2]);
```

A. 3，a　　　　B. 4，g　　　　C. 2，U　　　　D. 5，S

6. 有以下定义。

```
typedef int *INTEGER
INTEGER p, *q;
```

以下说法正确的是（　　）。

A. p 是 int 型变量　　　　B. q 是基类型为 int 的指针变量

C. p 是基类型为 int 的指针变量　　　　D. 程序中可以用 INTEGER 代替 int

7. 设有以下语句。

```
typedef struct S
{
```

```
    int g;
    char h;
}T;
```

下面叙述中正确的是（　　）。

A. 可用S定义结构体变量　　B. 可以使用T定义结构体变量

C. S是struct类型的变量　　D. T是struct类型的变量

8. 有以下定义

```
struct preson{char name[9];int age;}
struct preson class[10]={ "John",17,"Paul",17,"Mary",19,"Adam",16,};
```

能输出字母M的语句是（　　）。

A. printf ("%c\n", class [3] . name);

B. printf ("%c\n", class [3] . name [1]);

C. printf ("%c\n", class [2] . name [1]);

D. printf ("%c\n", class [2] . name [0]);

8.11.2　编程题

1. 图书馆的图书信息包括：书号、书名、作者、出版社、出版日期、书价等信息。试定义一个结构体类型，声明图书信息的结构体变量book，从键盘为book输入数据，并输出数据。

2. 输入5名考生的数据信息（准考证号码、姓名、性别、年龄、成绩），并编写函数，通过调用函数实现：

（1）找出成绩最高的考生信息，并输出。

（2）按考生成绩从高到低排序。

9 共用体

9.1 共用体的概念

共用体（也称联合体）是另外一种构造型数据类型，与结构体类似，在共用体内可以定义多种不同数据类型的成员。在进行某些算法的嵌入式C语言编程时，需要将几种不同类型的变量存放到同一段内存单元中。也就是使用覆盖技术，使几个变量互相覆盖。这种几个不同的变量共同占用一段内存的结构，在嵌入式C语言中被称作“共用体”类型结构。

9.2 一般定义形式

共用体定义与结构体的定义类似，只是将结构体关键字 struct 换为 union。

共用体一般定义形式如下：

```
union 共用体名
{
    成员表列
}
变量表列；
```

（1）声明共用体类型的同时定义变量，简单实例如下：

```
union data
{
    int i；
    char ch；
    float f；
  }a,b,c；
```

（2）先声明共用体类型再定义变量：

```
union data
{
    int i；
    char ch；
    float f；
```

```
};
union data a,b,c ;
```

（3）紧跟匿名类型说明后定义：

```
union
{
    int i ;
    char ch ;
    float f ;
} a,b,c ;
```

共用体和结构体的定义形式相似。但它们的含义是不同的。

结构体变量所占内存长度是各成员的内存长度之和，每个成员分别占用自己的内存单元；共用体变量所占的内存长度等于最长成员的长度。

9.3 共用体变量的引用方式

共用体是对多个变量共享同一段内存的定义，因此单独使用共用体变量没有意义。只能通过引用结构体成员的方式来使用共用体变量。与引用结构体成员类似，可用“－＞”运算符引用共同体类型的成员变量，只有首先定义了共用体变量才能引用它。

简单实例如下：

```
union data
{
    int i;
    char ch;
    float f;
}a,b,C;
```

对于这里定义的共用体变量 a，b，c，下面几种引用方式是正确的。

a. i（引用共用体变量中的整型变量 i）；

a. ch（引用共用体变量中的字符变量 ch）；

a. f（引用共用体变量中的实型变量 f）；

而不能引用共用体变量，例如，“printf（"％d"，a）；”这种用法是错误的，因为 a 的存储区内有多种类型的数据，分别占用不同长度的存储区，这些共用体变量名为 a，难以使系统确定输出的究竟是哪一个成员的值。

因此，应该写为如下形式：

```
printf("%d",a.i); 或 printf("%c",a.ch);
```

9.4 共用体类型数据的特点

（1）同一个内存段可以用来存放几种不同类型的成员，但在每一个瞬间只能存放其中的一种，而不是同时存放几种。换句话说，每一瞬间只有一个成员起作用，其他的成员不起作用，即不是同时都存在和起作用。

（2）共用体变量中起作用的成员是最后一次存放的成员。在存入一个新成员后，原有成员就失去作用。例如：

```
union data
{
    int i;
    char ch;
    float f;
}a;
```

若有以下赋值语句：

```
a.i=2;
a.ch='b';
a.f=7.8。
```

则完成以上 3 个赋值运算以后，只有 a.f 是有效的，a.i 和 a.ch 已经无意义了。

（3）共用体变量的地址和它的各成员的地址都是同一地址。即 &a.i=&a.f=&a.ch=&a。

（4）不能对共用体变量名赋值，也不能企图引用变量名来得到一个值，并且，也不能在定义共用体变量时对它进行初始化。

例如，以下几种操作都是不对的：

```
union data
{
    int i ;
    char ch ;
    float f ;
}a={1,'a',1.6 };  //不能初始化
a=1;              //不能对共用体变量进行赋值
m=a;              //不能引用共用体变量名以得到一个值
```

（5）不能把共用体变量作为函数参数，也不能由函数带回共用体变量，但可以使用指向共用体变量的指针。

（6）共用体类型既可以出现在结构体类型的定义中，也可以定义共用体数组。反之，结构体也可以出现在共用体类型的定义中，数组也可以作为共用体的成员。

（7）结构体变量占用空间大小是所有成员占用空间之和，而共同体变量占用的空间大小与各成员中占用空间最大的相同。

【例 9-1】 学校人员的数据管理。教师的数据包括：编码、姓名、性别、职务。学生的数据包括：编号、姓名、性别、班号。现将两种数据放在同一个表格中，见表 9-1。最后一列，对于教师，登记教师的“职务”，对于学生，则登记学生的“班号”（对于同一人员不可能同时出现）。

表 9-1

num	name	sex	job	Class Position
101	li	f	s	604
102	wang	m	t	prof

写出类型定义，编写输入信息，输出信息的程序代码。

程序代码如下：

```
#include <stdio.h>
#include <ctype.h>

struct person      //结构体类型定义
{
    long num;
    char name[20];char sex;
    char job;      //人员标志:s——学生,t——教师
    union          //匿名共用体定义,并定义共用体变量 category 作为外层结构体的成员
    {
        int cla;
        char position[20];

    }category;
};

int input(struct person person[])//输入人员信息,返回人员数
{
    int i;
    for(i=0;i<20;i++)         //循环输入,如果满 20 个或遇到编号-1 结束循环
    {
        printf("num:");
        scanf(" %ld",&person[i].num);
        if(person[i].num==-1) break;
        printf("name:");
        scanf(" %s",&person[i].name);
        flushall();
        printf("sex:");
        scanf(" %C",&person[i].sex);
        getchar();
        printf("job(s-student,t-teacher):");
        scanf(" %C",&person[i].job);
        if(toupper(person[i].job)=='S')  //如果是学生的信息
        {
            printf("class:");
            scanf(" %d",&person[i].category.cla);
        }
        else
        {
            printf("position:");
            scanf(" %s",&person[i].category. position);
```

```
        }
    }
    return i;                                //返回人员的数目
}

void output(struct person person[],int n)
{
  int i;
  printf("num\tname\tsex\tjob\tcategory:\n");  //打印表头
  for(i=0;i<n;i++)                              //循环输出
  {
    if(toupper(person[i].job)=='S')
       printf("%ld\t%s\t%C\t%C\t%d\n",person[i].num,person[i].name,\
person[i]. sex,person[i].job,person[i].category.cla);
    else
       printf("%ld\t%s\t%C\t%C\t%s\n",person[i].num, person[i].name,\
person[i].sex,person[i].job, person[i].category.position);
    }
}
int main()
{
    int n;
    struct person person[20]; //人员情况数组
    n=input(person);          //输入数据出
    output(person,n);         //输出数据
}
```

9.5 共用体总结

（1）共用体类型在任意时刻只存在一个成员。

（2）共用体变量分配内存长度为最长成员所占字节数。

（3）共用体和结构体可以相互嵌套。

例如：

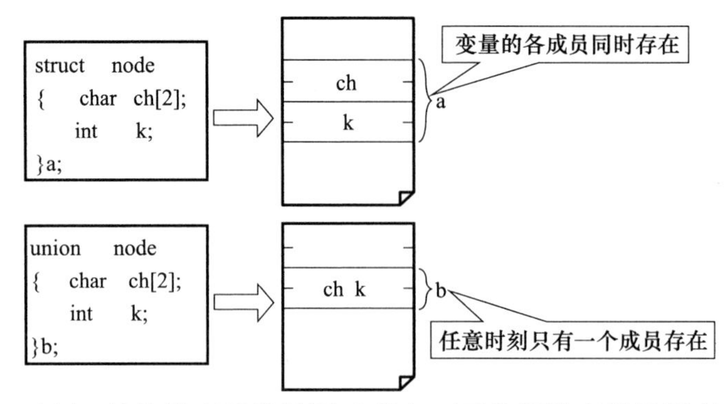

说明：同一时刻，结构体变量能够同时存在，而共用体变量只能存在一个，且共用体类型长度为所定义最长字节长度的变量所占用的字节数。

10 枚举型

10.1 枚举类型

所谓枚举，是指将变量的值一一列举出来，变量的值只限定在列举出来的值的范围内，因此，枚举类型是只能取事先定义值的数据类型。

在实际问题中，有些变量的取值被限定在一个有限的范围内。例如，一个星期内只有 7 天，一年只有 12 个月，一个班每周有 6 门课程等。如果把这些量说明为整型、字符型或其他类型显然是不妥当的。为此，C 语言提供了一种称为“枚举”的类型。在“枚举”类型的定义中列举出所有可能的取值，说明该“枚举”类型的变量取值不能超过定义的范围。应该说明的是，枚举类型是一种基本数据类型，而不是一种构造类型，因为它不能再分解为任何基本类型。

10.2 枚举类型的定义和枚举变量的说明

枚举类型定义的一般形式如下：

```
enum 枚举名{ 枚举值表 };
```

在枚举值表中应罗列出所有可用值。这些值也称为枚举元素。

例如，该枚举名为 weekday，枚举值共有 7 个，即一周中的 7 天。凡被说明为 weekday 类型变量的取值只能是 7 天中的某一天。

枚举变量的说明如同结构和联合一样，枚举变量也可用不同的方式说明，即先定义后说明，同时定义说明或直接说明。

设有变量 a，b，c 被说明为上述的 weekday，可采用下述任意一种方式：

```
enum weekday{ sun,mon,tue,wed,thu,fri,sat };
enum weekday a,b,c;
```

或者如下：

```
enum weekday
{
sun,mon,tue,wed,thu,fri,sat
}a,b,c;
```

或者如下：

```
enum { sun,mon,tue,wed,thu,fri,sat }a,b,c;
```

10.3 关于枚举的说明

（1）enum是标识枚举类型的关键字，定义枚举类型时要以enum开头。

（2）枚举元素（枚举常量）由程序设计者自己指定，命名规则同标识符。

（3）枚举元素在编译时，按定义时的排列顺序取值0，1，2，…。

（4）枚举元素是常量，不是变量（看似变量，实为常量），可以将枚举元素赋值给枚举变量，但不能给枚举常量赋值。在定义枚举类型时可以给枚举常量指定整型数（未指定值的枚举常量值是前一个枚举常量值+1）。例如：

```
enum weekday{sun=7,mon=1,tue,wed,thu,fri,sat};
```

则有sun=7，mon=1，tue=2，wed=3，thu=4，fri=5 ，sat=6。

（5）枚举常量不是字符串。

（6）枚举常量一般可以参与整数可以参与的运算，如算术运算、关系运算和赋值运算等。例如，有“week1= sun; printf（ "%s" ，week1);”，若要输出“sun”，可以用上面语句来实现。

10.4 枚举类型变量的赋值和使用

枚举类型在使用中的规定是：枚举值是常量，不是变量。不能在程序中用赋值语句再对它赋值。

例如，对枚举weekday的元素再做以下赋值都是错误的。

```
sun=5;
mon=2;
sun=mon;
```

枚举元素本身由系统定义了一个表示序号的数值，从0开始顺序定义为0，1，2，…。例如，在weekday中，sun值为0，mon值为1，…，sat值为6。

【例10-1】

```
void main(void)
{
    enum weekday
    { sun,mon,tue,wed,thu,fri,sat } a,b,c;
    a=sun;
    b=mon;
    c=tue;
    printf("%d,%d,%d",a,b,c);
}
```

说明：

只能把枚举值赋予枚举变量，不能把元素的数值直接赋予枚举变量。

例如，

“a=sum;”及“b=mon;”是正确的，而“a=0;”及“b=1;”是错误的。如果一定要把数值赋予枚举变量，则必须用强制类型转换。例如：“a=（enum weekday）2;”其意义是将顺序号为2的枚举元素赋予枚举变量a，相当于“a=tue;”。还应该说明的是，枚举元素不是字符常量，也不是字符串常量，使用时不要加单、双引号。

【例10-2】

```
void main(void)
{
    enum body
    {
      a,b,c,d
    } month[31],j;//定义一枚举类型
    int i;
    j=a;
    for(i=1;i<=30;i++)
    {
      month[i]=j;
      j++;
      if (j>d) j=a;
    }
    for(i=1;i<=30;i++)
    {
      switch(month[i])
      {
        case a:printf(" %2d  %C\t",i,'a'); break;
        case b:printf(" %2d  %C\t",i,'b'); break;
        case C:printf(" %2d  %C\t",i,'c'); break;
        case d:printf(" %2d  %C\t",i,'d'); break;
        default:break;
      }
    }
    printf("\n");
}
```

运行结果：

如果 month [i] =a，则输出“a”；

如果 month [i] =b，则输出“b”；

如果 month [i] =c，则输出“c”；

如果 month [i] =d，则输出“d”。

10.5 枚举类型总结

（1）枚举是指将变量的值一一列出来，变量的值只限于列举出来的值的范围。

（2）枚举值是常量，不是变量，不能在程序中用赋值语句再对它赋值。

（3）枚举元素本身由系统定义了一个表示序号的数值，从0开始顺序定义为0，1，2，…。

11 链 表

11.1 链表的应用

链表是结构体非常重要的应用，是一种动态技术。它能在程序运行过程中，根据需要随时申请内存空间，不需要时随时释放。由于每次都是根据需要分配内存，所以动态分配的各个单元一般不是连续的。

因为链表、文件占用内存太大，所以在单片机中一般不使用。在嵌入式C语言中可以用到链表，文件在 Linux 系统中有相关操作接口，所以嵌入式 C 语言中的文件在 Linux 中用不到。在单片机中，因为 RAM 和 ROM 容量的限制，所以一般不用动态地存储或分配库函数中的相应函数。

11.2 动态存储分配

在前数组章节中曾介绍过数组的长度是预先定义好的，在整个程序中固定不变。C语言中不允许有动态数组类型。例如：

```
int n;
scanf("%d",&n);
int a[n];
```

此例用变量表示长度，以对数组的大小做动态说明，所以是错误的。但是在实际编程中往往会发生这种情况，即所需的内存空间取决于实际输入的数据，因此无法预先确定。对于这种问题，用数组的办法很难解决。为了解决上述问题，C语言提供了一些内存管理函数，这些内存管理函数可以按需要动态地分配内存空间，也可把不再使用的空间回收待用，为有效地利用内存资源提供了手段。

常用的内存管理函数有以下三种：

(1) 分配内存空间函数 malloc。

```
函数原型为:void *malloc( size_t size );
```

调用形式如下：

```
(类型说明符*)malloc(size)
```

功能：在内存的动态存储区中分配一块长度为“size”字节的连续区域。分配成功返回该区域的首地址，分配失败返回空指针（NULL）。

“类型说明符”表示把该区域用于何种数据类型。“(类型说明符 *)”表示把返回值强制转换为该类型指针。“size”是一个无符号数。例如：

```
pc=(char * )malloc(100);
```

表示分配100个字节的内存空间，并强制转换为字符数组类型，函数的返回值为指向该字符数组的指针，把该指针赋予指针变量pc。

（2）分配内存空间函数calloc。

```
函数原型为:void * calloc( size_t num, size_t size );
```

calloc也用于分配内存空间，调用形式如下：

```
(类型说明符 * )calloc(n,size)
```

功能：在内存动态存储区中分配n块长度为“size”字节的连续区域。函数的返回值为该区域的首地址。

“（类型说明符 * ）”用于强制类型转换。

calloc函数与malloc函数的区别仅在于一次可以分配n块区域。例如：

```
ps=(struct stu * )calloc(2,sizeof(struct stu));
```

其中的“sizeof（struct stu)”是求“stu”的结构长度。因此，该语句的意思是：按“stu”的长度分配两块连续区域，强制转换为“stu”类型，并把其首地址赋予指针变量“ps”。

（3）释放内存空间函数free。

```
函数原型为:void free( void * ptr );
```

调用形式如下：

```
free(void * ptr);
```

功能：释放ptr所指向的一块内存空间，ptr是一个任意类型的指针变量，它指向被释放区域的首地址。被释放区应是由malloc或calloc函数所分配的区域。

【例11-1】 分配一块区域，输入一个学生数据。

```
void main(void)
{
    struct stu
    {
      int num;
      char * name;
      char sex;
      float score;
    }  * ps;
    ps=(struct stu * )malloc(sizeof(struct stu));
    ps->num=102;
```

```
    ps->name="Zhang ping";
    ps->sex='M';
    ps->score=62.5;
    printf("Number=%d\nName=%s\n",ps->num,ps->name);
    printf("Sex=%c\nScore=%f\n",ps->sex,ps->score);
    free(ps);
}
```

在本例中首先定义了结构 stu，定义了 stu 类型指针变量 ps。然后分配一块 stu 大内存区，并把首地址赋予 ps，使 ps 指向该区域。再以 ps 为指向结构的指针变量对各成员赋值，并用 printf 输出各成员值。最后用 free 函数释放 ps 指向的内存空间。整个程序包含了申请内存空间、使用内存空间、释放内存空间三个步骤，实现了存储空间的动态分配。

11.3 链表的概念

链表是一种特殊的结构体。到目前为止，遇到处理批量数据时，我们通常使用数组来存储。定义数组必须预先指定数组长度，从而限制了数组存放的数据量。在实际应用中，一个程序在每次运行时要处理数据的数目通常是不确定的，如果数目定义小了，就没有足够空间来存储数据，如果定义大了又浪费内存单元。为了解决这一问题就可以使用动态数据结构——链表。

最简单的链表是单向链表，单向链表中每个结点都包含两部分，一是用户需要用的实际数据，称为数据域，二是一个指针，称为指针域，它指向下一个结点。最后一个结点的指针域指向空（NULL）。单向链表由表头指针唯一指定。

在例 11-1 中采用了动态分配的办法为一个结构分配内存空间。可以每一次分配一块空间用来存放一个学生的数据，称为一个结点。有多少个学生就应该申请分配多少块内存空间，也就是说要建立多少个结点。当然，用结构数组也可以完成上述工作，但如果预先不能准确把握学生人数，也就无法确定数组大小。而且当学生留级、退学之后也不能把该元素占用的空间从数组中释放出来。

用动态存储的方法可以很好地解决这些问题。有一个学生就分配一个结点，无须预先确定学生的准确人数。若某学生退学，则可删去该结点，并释放该结点占用的存储空间，从而节约了宝贵的内存资源。另一方面，用数组的方法必须占用一块连续的内存区域，而使用动态分配时，每个结点之间可以是不连续的（结点内是连续的）。结点之间的联系可以用指针实现，即在结点结构中定义一个成员项用来存放下一结点的首地址，这个用于存放地址的成员常被称为指针域。

可在第一个结点的指针域内存入第二个结点的首地址，在第二个结点的指针域内又存放第三个结点的首地址，如此串联下去直到最后一个结点。最后一个结点因无后续结点连接，其指针域可赋为“NULL”。这样一种连接方式在数据结构中称为“链表”。

图 11-1 所示为一个简单链表的示意图。

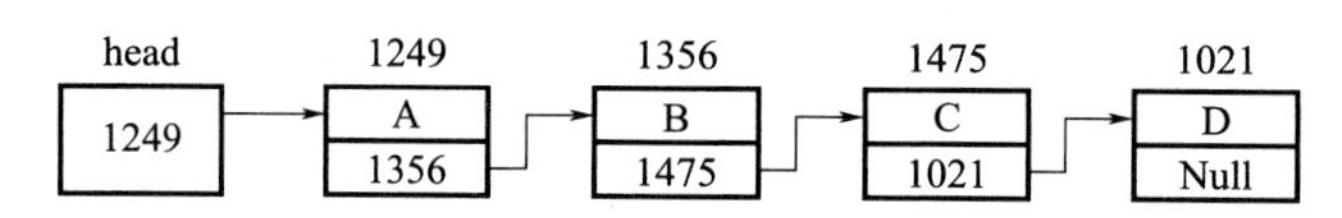

图 11-1　简单链表示意图

如图 11-1 所示，第 0 个结点称为头结点，它存放第一个结点的首地址，它没有数据，只是一个指针变量。以下的每个结点都分为两个域，一个是数据域，存放各种实际的数据，如学号 num、姓名 name、性别 sex 和成绩 score 等；另一个域为指针域，存放下一结点的首地址。链表中的每一个结点都是同一种结构类型。

例如，一个存放学生学号和成绩的结点应为以下结构：

```
struct stu
{
    int num;
    int score;
    struct stu * next;
}
```

前两个成员项组成数据域，最后一个成员项 next 构成指针域，它是一个指向 stu 类型结构的指针变量。

链表的基本操作有以下几种：

（1）建立链表；

（2）结构的查找与输出；

（3）插入一个结点；

（4）删除一个结点。

【例 11-2】　建立一个有三个结点的链表以存放学生数据。为简单起见，假定学生数据结构中只有学号和年龄两项。可编写一个建立链表的函数 creat。程序如下：

```
#define NULL 0
#define TYPE struct stu
#define LEN sizeof (struct stu)
struct stu
{
    int num ;
    int age ;
    struct stu * next ;
}
;
TYPE * creat(int n)
{
    struct stu * head, * pf, * pb ;
    int i ;
    for(i=0;i<n;i++)
    {
```

```
        pb=(TYPE *)malloc(LEN);
        printf("input Number and  Age\n");
        scanf("%d%d",&pb->num,&pb->age);
        if(i==0)
            pf=head=pb ;
        else
            pf->next=pb ;
        pf=pb ;
    }
    pb->next=NULL ;
    return(head);
}
```

在函数外首先用宏定义对三个符号常量做了定义。这里用 TYPE 表示 struct stu，用 LEN 表示 sizeof（struct stu），主要目的是在下面的程序内减少书写并使阅读更加方便。结构 stu 定义为外部类型，程序中的各个函数均可使用该定义。

creat 函数用于建立一个有 n 个结点的链表，它是一个指针函数，它返回的指针指向 stu 结构。在 creat 函数内定义了三个 stu 结构的指针变量。head 为头指针，pf 为指向两相邻结点的前一结点的指针变量。pb 为后一结点的指针变量。

如果 n=2；

第一次：i<2；所以 pf=head，pb->next=NUL；

第二次：（i=1）<2；所以 pf->next=pb，pb->next=NULL。

【例 11-3】 编写一个函数，在链表中按学号查找该结点。程序如下：

```
TYPE * search(TYPE * head,int num)
{
TYPE * p;
p=head;
    while(p->num!=num && p->next!=0)
        p=p->next;         /* 不是需要的结点就指向下一个结点 */
    if(p->num==num)       /* 查询到符合条件的结点后就返回该结点地址 */
        return p;
    else
        printf("没有符合条件的学员!\n");
    p=NULL;                /* 没有符合条件的结点指针指向就为空 */
    return p;
}
```

本函数中使用的符号常量 TYPE 与【例 11-2】的宏定义相同，等同于 struct stu。函数有两个形参，head 是指向链表的指针变量（入口地址），num 为要查找的学号。进入 while 语句，逐个检查结点的 num 成员是否等于 num，如果不等于 num 且指针域不等于 NULL（不是最后结点），则后移一个结点，继续循环。如果找到该结点，则返回结点指针。如果循环结束仍未找到该结点，则输出“没有符合条件的学员!”的提示信息。

【例 11-4】 编写一个函数，删除链表中的指定结点。程序如下：

```
TYPE * deletet(TYPE * head,int num)
{
    TYPE * pf, * pb;
    pb=head;
    if(pb= =0)
    {
        printf("该链表为空链表！\n");
        goto end;
    }
    else
    {
        /* 当pb指向的结点既不是要删除的结点,也不是最后一个结点时,继续循环 */
        while(pb->num ! = num && pb->next! =0)
        {
            pf=pb;
            pb=pb->next;
        }
        if(pb->num= =num)
      {
            if(pb= =head)//判断是否是第一个结点
                head=pb->next;
            else
                pf->next=pb->next;
            free(pb);
            printf("已删除结点！\n");
        }
        else
            printf("无符合条件的结点！\n");
        }
        end:
        return head;
}
```

删除一个结点有以下两种情况：

(1) 若被删除结点是第一个结点，则这种情况只需使 head 指向第二个结点即可，即 head=pb->next。

(2) 若被删结点不是第一个结点，则这种情况只需使被删结点的前一个结点指向被删结点的后一个结点，即 pf->next=pb->next。

函数有两个形参，head 为指向链表第一结点的指针变量，num 为结点的学号。首先判断链表是否为空，若为空则不可能有被删结点。若不为空，则使 pb 指针指向链表的第一个结点。进入 while 语句后逐个查找被删结点。找到被删结点之后再检查是否为第一结点，若是则使head指向第二结点（即把第一结点从链中删去），否则使被删结点的前一结点（pf所指的结点）指向被删结点的后一结点（被删结点的指针域所指的结点）。若循环结束时仍未找到要删的结点，则输出“无符合条件的结点”的提示信息。最后返回head值。

【例11-5】 编写一个函数，在链表中指定位置插入一个结点。在一个链表的指定位置插入结点，要求链表本身必须是已按某种规律排好序的。例如，在学生数据链表中，要求按学号顺序插入一个结点。程序如下：

```
TYPE * insert(TYPE * head, TYPE * pi)
{
    TYPE * pf, * pb;
    pb=head;
    if(head= =0)                          //判断链表是否为空
    {
        head=pi;
        pi->next=0;
    }
    else
    {
        //查询pi->num是否<=链表中某个结点
        while((pi->num>pb->num) && pb->next! =0)
        {
            pf=pb;
            pb=pb->next;
        }
        if(pb= =head)
        {
            head=pi;                      //在链表首插入
            pi->next=pb;
        }
        else
        {
            if(pi->num<=pb->num)  //判断是否有符合条件的结点
            {
                pf->next=pi;              //在两个结点中间插入结点
                pi->next=pb;
            }
            else
            {
                pb->next=pi;              //在链表尾插入
                pi->next=0;
            }
        }
```

```
    }
    return head;
}
```

可在以下四种不同情况下插入结点。

(1) 若原表是空表，则只需使 head 指向被插结点。

(2) 若被插结点值最小，则应将结点插入第一个结点之前。这种情况下只需使 head 指向被插入结点，被插入结点的指针域指向原来的第一结点即可，即 pi－＞next＝pb；head＝pi。

(3) 在其他位置插入。这种情况下，使插入位置的前一结点的指针域指向被插入结点，使被插入结点的指针域指向插入位置的后一结点，即 pi－＞next＝pb；pf－＞next＝pi。

(4) 链表末插入。这种情况下使原表末结点指针域指向被插入结点，被插入结点指针域置为 NULL。

本例函数的两个形参均为指针变量，head 指向链表，pi 指向被插入结点。函数中首先判断链表是否为空，若为空则使 head 指向被插入结点；若不为空，则用 while 语句循环查找插入位置。找到之后再判断是否在第一个结点之前插入，若是则使 head 指向被插入结点，被插入结点指针域指向原第一结点，否则在其他位置插入。若插入的结点大于表中所有结点，则在链表末插入。函数返回一个指针，该指针是链表的头指针。当插入的位置在第一个结点之前时，插入的新结点成为链表的第一个结点，因此 head 的值也有了改变，所以需要把这个指针返回主调函数。

【例 11-6】 找出几本价格最贵和最便宜的书。

```
#include<stdio.h>
#include<stdlib.h>
/*定义结构*/
struct book
{
    char name[15];
    int price;
};

int main(void)
{
    int i,n,min,max;
    struct book *p;

    printf("input n:");//输入书的数量
    scanf("%d",&n);
    /*动态内存申请*/
    if((p=(struct book *)malloc(n*sizeof(struct book)))==NULL)
    {
```

```
    printf("动态内存空间申请失败!");
        exit(1);
}

min=max=0;
for(i=0;i<n;i++)
{
    /*分别输入n本书的书名和价格,输入的同时找出价格最贵和最便宜的书*/
    printf("请输入第%d本书的书名和价格:",i+1);
    scanf("%s%d",p[i].name,&p[i].price);
    if(p[i].price<p[min].price)
        min=i;
    if(p[i].price>p[max].price)
        max=i;
}
/*将价格最贵和最便宜的书的信息输出*/
printf("最昂贵的书是《%s》,竟要%d元!\n最便宜的书是《%s》,只要%d元!\n",p[max].
name,p[max].price,p[min].name,p[min].price);

return 0;
}
```

12 文　件

12.1 案例引入——学生成绩管理中的文件访问或存取

12.1.1 任务描述

编写一个 C 程序，以结构体数组的类型存储表 7-1 中的学生信息，并计算学生的平均分，将学生信息保存在 student.dat 文件中。对学生信息按照平均分由高到低排序，并将排序结果保存到 stuSort.dat 文件中。然后分别从两个文件中读取数据，输出学生信息。

12.1.2 任务目标

(1) 能够掌握函数的基本概念和应用方法。

(2) 能够掌握文件函数对文件进行读写操作。

(3) 能够对实际问题进行分析后进行模块化编程。

12.1.3 源代码展示

```
#include <stdio.h>
#include <stdlib.h>

#define N 3

typedef struct
{
    char num[10];
    char name[10];
    float t[4];
    float ave;
}ST;

void input(void);
void sort(void);
```

```
int main()
{
    int i;
    ST a[N],b[N];
    FILE *fp;
    input();
    if((fp=fopen("student.dat","rb"))==NULL)
    {
        printf("file can not open\n");
        exit(1);
    }
    fread(a,sizeof(ST),N,fp);
    system("cls");
    printf("\n**************************学生信息********
******************\n");
    printf("  学号  姓名  成绩1  成绩2  成绩3  成绩4 平均分\n");
    for(i=0;i<N;i++)
    {
  printf("%10s %6s %6.1f %6.1f %6.1f %6.1f %6.1f\n",a[i].num,a[i].name,a[i].t[0],a
[i].t[1],a[i].t[2],a[i].t[3],a[i].ave);
    }
    fclose(fp);
    sort();
    if((fp=fopen("stuSort.dat","rb"))==NULL)
    {
        printf("file can not open\n");
        exit(1);
    }
    fread(b,sizeof(ST),N,fp);
    printf("\n***************按照平均分排序后的学生信息*******
*********\n");
    printf("  学号  姓名  成绩1  成绩2  成绩3  成绩4 平均分\n");
    for(i=0;i<N;i++)
    {
  printf("%10s %6s %6.1f %6.1f %6.1f %6.1f %6.1f\n",b[i].num,b[i].name,b[i].t[0],b
[i].t[1],b[i].t[2],b[i].t[3],b[i].ave);
    }
    fclose(fp);
}


void input(void)
{
```

```
    int i,j;
    ST s[N];
    FILE * fp;
    float sum;
    for(i=0;i<N;i++)
    {
        printf("请输入第%d位学生信息\\n",i+1);
        printf("请输入该生学号:");
        scanf(" %s",s[i].num);
        printf("请输入该生姓名:");
        scanf(" %s",s[i].name);
        printf("请输入该生4个任务的成绩:");
        sum=0;
        for(j=0;j<4;j++)
        {
            scanf("%f",&s[i].t[j]);
            sum+=s[i].t[j];
        }
        s[i].ave=sum/4;
    }
    if((fp=fopen("student.dat","wb"))==NULL)
    {
        printf("file can not open\n");
        exit(1);
    }
    fwrite(s,sizeof(ST),N,fp);
    fclose(fp);
}

void sort(void)
{
    ST s[N],t;
    int i,j,k;
    FILE * fp;
    if((fp=fopen("student.dat","rb"))==NULL)
    {
        printf("file can not open\n");
        exit(1);
    }
    fread(s,sizeof(ST),N,fp);
    for(i=0;i<N-1;i++)
    {
        k=i;
```

```
        for(j=i+1;j<N;j++)
            if(s[j].ave>s[k].ave) k=j;
        if(k!=i)
        {
            t=s[i];
            s[i]=s[k];
            s[k]=t;
        }
    }
    if((fp=fopen("stuSort.dat","wb"))==NULL)
    {
        printf("file can not open\n") ;
        exit(1);
    }
    fwrite(s,sizeof(ST),N,fp);
    fclose(fp);
}
```

12.1.4 运行结果

程序的运行结果如图 12-1 所示。

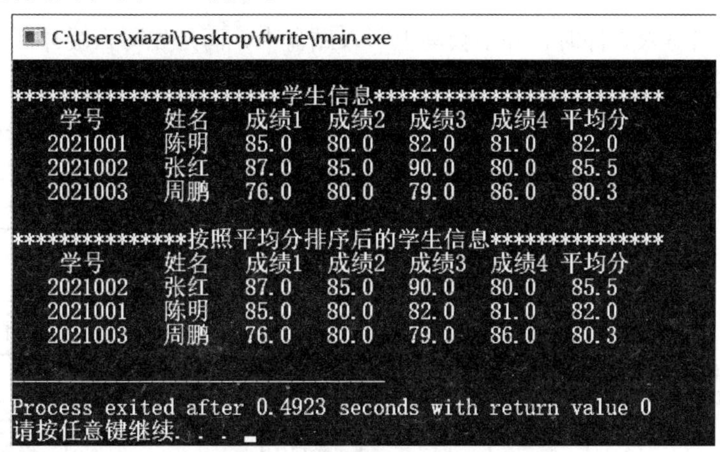

图 12-1 学生成绩程序的运行结果

12.2 文件的概念

所谓“文件”是指一组相关数据的有序集合。这个数据集有一个名称，称为文件名。实际上，在本书前面的各章中已经多次使用了文件，如源程序文件、目标文件、可执行文件和库文件（头文件）等。

学习 C 语言的文件操作需要了解一些与文件有关的知识点，这些知识点包括：数据流、缓冲区、文本文件操作。

12.2.1　数据流

指程序与数据的交互是以流的形式进行的。进行C语言文件的存取时，都会先进行“打开文件”操作，这个操作就是在打开数据流，而“关闭文件”操作就是关闭数据流。

流，可以解释为流动的数据及其来源和去向，并将文件看成承载数据流动所产生的结果的媒介。

12.2.2　缓冲区

缓冲区是指在执行程序时，所提供的额外内存，可用来暂时存放准备执行的数据。它的设置是为了提高存取效率，因为内存的存取速度比磁盘驱动器快得多。

C语言的文件处理功能依据系统是否设置“缓冲区”分为两种：一种是设置缓冲区，另一种是不设置缓冲区。由于不设置缓冲区的文件处理方式，必须使用较低级的I/O函数（包含在头文件io.h和fcntl.h中）直接对磁盘存取，这种方式的存取速度慢，并且由于不是C的标准函数，跨平台操作时容易出问题。下面只介绍第一种处理方式，即设置缓冲区的文件处理方式：

当使用标准I/O函数（包含在头文件stdio.h中）时，系统会自动设置缓冲区，并通过数据流来读写文件。当读取文件时，不会直接读取磁盘，而是先打开数据流，将磁盘上的文件信息复制到缓冲区内，然后程序再从缓冲区中读取所需数据，如图12-2所示。

事实上，当写入文件时，并不会马上写入磁盘中，而是先写入缓冲区，只有在缓冲区已满或“关闭文件”时，才会将数据写入磁盘，如图12-3所示。

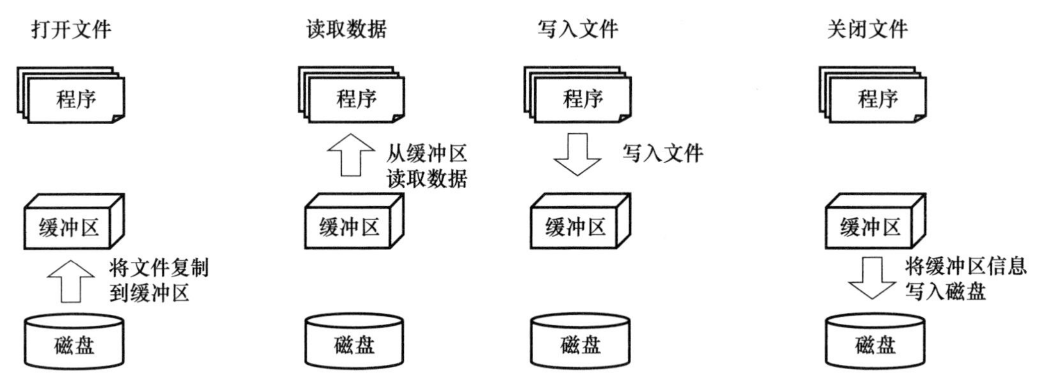

图12-2　程序从缓冲区中读取所需数据　　　图12-3　程序将缓冲区数据写入磁盘

12.2.3　文件类型

分为文本文件和二进制文件两种。

文本文件是以字符编码的方式进行保存的。二进制文件将内存中数据原封不动移至文件中，适用于非字符为主的数据。如果以记事本格式打开，只会看到一堆乱码。

其实，除了文本文件外，所有的数据都可以算是二进制文件。二进制文件的优点在于存取速度快，占用空间小，以及可随机存取数据。

12.2.4 文件存取方式

文件存取方式包括顺序存取方式和随机存取方式两种。

顺序存取也就是从上往下，一笔一笔存取文件的内容。保存数据时，将数据附加在文件的末尾。这种存取方式常用于文本文件，而被存取的文件则称为顺序文件。

随机存取方式多半以二进制文件为主。它会以一个完整的单位来进行数据的读取和写入，通常以结构为单位。

12.3 文本文件操作

C语言中主要通过标准I/O函数来对文本文件进行处理。相关的操作包括打开、读写、关闭与设置缓冲区。

相关的存取函数有：fopen ()，fclose ()，fgetc ()，fputc ()，fgets ()，fputs ()，fprintf ()，fscanf () 等。

12.3.1 文件指针

缓冲文件系统中关键的概念是文件指针，每个被使用的文件都在内存中开辟一个区，用来存放文件的有关信息（如文件的名字、文件状态和文件当前位置等）。文件指针实际上是指向一个结构体类型的指针。在头文件 stdio.h 中，通过 typedef 把此结构体命名为 FILE，用于存放文件当前的有关信息。程序使用一个文件，系统就为此文件开辟一个 FILE 类型变量。程序使用几个文件，系统就开辟几个 FILE 类型变量，存放各个文件的相关信息。

通常对 FILE 结构体的访问是通过 FILE 类型指针变量（文件指针）完成的，文件指针变量指向文件类型变量，简单地说，文件指针指向文件。

定义文件指针变量的一般形式如下：

```
FILE * 指针变量名;
```

例如：

```
FILE * fp;
```

事实上只需使用文件指针完成文件的操作，根本不必关心文件类型变量的内容。在打开一个文件后，系统开辟一个文件变量并返回此文件的文件指针，将此文件指针保存在一个文件指针变量中，以后所有对文件的操作都通过此文件指针变量完成，直到关闭文件，文件指针将指向的文件类型变量释放。

12.3.2 文件的打开与关闭

1. 文件打开

文件打开后才能进行操作，文件打开通过调用 fopen 函数实现。

函数原型为：`FILE * fopen( const char * fname, const char * mode );`

调用 fopen 函数的格式如下：

```
FILE * fp;
fp=fopen("文件名","文件操作方式");
```

例如：

```
FILE *fp;
fp=fopen("D:\\s.txt","r");
```

表示要打开 D：\\ s.txt 文件，文件操作方式为“读入”，fopen 函数返回指向 s.txt 文件的指针并赋给 fp，这样 fp 就和 s.txt 文件建立联系了，或者说 fp 指向了 s.txt 文件。

文件操作方式说明如下：

"r"：只能从文件中读数据，该文件必须先存在，否则打开失败

"w"：只能向文件写数据，若指定的文件不存在则创建它，如果存在则先删除它再重建一个新文件

"a"：向文件增加新数据（不删除原有数据），若文件不存在则打开失败，打开时位置指针移到文件末尾

"r+"：可读/写数据，该文件必须先存在，否则打开失败

"w+"：可读/写数据，用该模式打开新建一个文件，先向该文件写数据，然后可读取该文件中的数据

"a+"：可读/写数据，原来的文件不被删除，位置指针移到文件末尾

打开二进制文件的模式与打开文本文件的含义是一样的，不同的是模式名称里面多一个字母"b"，以表示以二进制形式打开文件。

2. 文件关闭

文件使用完毕后必须关闭，以避免数据丢失。关闭文件可调用函数 fclose 来实现。

```
函数原型为:int fclose( FILE * stream );
```

fclose 函数的格式如下。

```
fclose(文件指针)
```

例如：

```
fclose(fp);
```

当文件成功关闭，函数返回 0，否则返回非 0。

【例 12-1】 打开与关闭文件。

```
#include<stdlib.h>
#include<string.h>
int main()
{
        FILE * fp ; //文件类型的指针
    fp=fopen("test.txt","r+");
    if(fp==NULL)
```

```
    {
        printf("打开文件失败\n");
        exit(1);
    }
    else
    {
        printf("打开文件成功\n");
    }
    fclose(fp);  //关闭文件
}
```

12.3.3 字符读/写函数

1. 写字符函数 fputc

函数原型为：int fputc(int ch, FILE * stream);

调用写字符函数 fputs 的格式如下。

fputc(要输出的字符，文件指针);

若要将字符逐一写入文件，用 fputc（）函数。

【例 12-2】 fputc（）函数向指定的文本文件写入字符。

```
#include <stdio.h>
#include<string.h>
int main()
{
    FILE *fp ;          //文件类型的指针变量
    int i=0;
    char str[]="abcde";
    fp=fopen("test.txt","r+");
    if(fp==NULL)
    {
        printf("打开文件失败\n");
            exit(1);
    }
    else
    {
        printf("打开文件成功\n");
        for(i=0;i<5;i++)
            fputc(str[i],fp);  //向文件循环写入 5 个字符
    }
    fclose(fp);  //关闭文件
}
```

2. 读字符函数 getc

函数原型为：int fgetc (FILE * stream)；

字符读取函数 fgetc () 可从文件数据流中一次读取一个字符，然后读取光标移动到下一个字符，并逐步将文件的内容读出。

如果字符读取成功，则返回所读取的字符，否则返回 EOF (end of file)。EOF 是表示数据结尾的常量，真值为－1。另外，要判断文件是否读取完毕，可利用 feof () 进行检查。未完返回 0，已完返回非零值。

【例 12-3】 fgetc () 函数在指定的文本文件读取字符。

```
#include <stdio.h>
#include<string.h>
int main()
{
    char ch;
    fp=fopen("test.txt","r+");
    if(fp==NULL)
    {
        printf("打开文件失败\n");
        exit(1);
    }
    else
    {
        printf("打开文件成功\n");
        for(i=0;i<5;i++)
        {
            ch=fgetc(fp);
            printf("ch= %c",ch);   //输出到电脑屏幕
        }
    }
    fclose(fp);                    //关闭文件
}
```

12.3.4 字符串读/写函数

1. 写字符串函数 fputs

该函数用于将一个字符串 xierul 指定到文本文件中。

函数原型为：int fputs(const char * str, FILE * stream)；

fputs 函数的第一个参数可以是字符串常量、字符数组名或字符型指针。若输出成功，则返回 0，否则返回 EOF。

调用 fputs 函数格式如下。

```
fputs(c 字符串,文件指针);
```

2. 读字符串函数 fgets

该函数用于从指定的文本文件中读取字符串。

函数原型为:char * fgets(char * str, int num, FILE * stream);

函数 fgets 从给出的文件流中读取［num － 1］个字符并且把它们转储到 str（字符串）中。fgets（）在到达行末时停止，在这种情况下，str（字符串）将会被一个新行符结束。如果 fgets（）达到［num － 1］个字符或者遇到 EOF，str（字符串）将会以 null 结束。fgets（）成功时返回 str（字符串），失败时返回 NULL。

调用 fgets 函数格式如下：

fgets(字符指针,输入字符个数,文件指针);

例如：

fgets(str,n,fp);

【例 12-4】 把字符串写入指定文件，然后从文件再读取出来并显示。

```
#include <stdio.h>
#include <string.h>

int main()
{
    FILE *fp;
    char str[]="Output";
    char read[20]={0};
    fp=fopen("s.txt","r+");
    if(fp==NULL)
    {
        printf("打开文件失败\n");
        exit(1);
    }
    else
    {
        printf("打开文件成功\n");
        fputs(str,fp);
    }
    fclose(fp);
    fp=fopen("s.txt","r+");
    if(fp==NULL)
    {
        printf("打开文件失败\n");
        return 0;
    }
    else
```

```
    {
        printf("打开文件成功\n");
        fgets(read,7,fp); //读取数据
        printf("read= % s\n",read);
    }
    fclose(fp);
}
```

12.3.5 格式读/写函数

格式读/写函数 fscanf，fprintf 与 scanf，printf 函数相仿，都是格式化读写函数。不同的是：fprintf 和 fscanf 函数的读写对象不是终端（标准输入输出），而是磁盘文件。printf 函数是将内容输出到终端（屏幕），因此，fprintf 就是将内容输出到磁盘文件了。

1. 格式读取函数 fscanf

该函数用于从指定的文本文件中按格式读取数据，例如%c,%d,%s 等格式。

```
函数原型为:int fscanf( FILE * stream, const char * format, ... );
```

2. 格式写入函数 fprintf

该函数用于向指定的文本文件中按格式写入数据，例如%c,%d,%s 等格式。

```
int fprintf( FILE * stream, const char * format, ... );
```

fscanf 和 fprintf 函数的语法格式分别如下：

```
fscanf(文件指针,格式控制字符串,输入地址表列);
fprintf(文件指针,格式控制字符串,输出表列);
```

【例 12-5】 把数据按格式写入指定文件，然后文件按格式再读取出来并显示。

```
#include <stdio.h>
#include <string.h>

int main()
{
    FILE * fp;
    int num1 = 10,num2=0;
    char name1[10] = "Leeming",name2[10]={0};
    char gender1 = 'M',gender2=0;
    if((fp = fopen("info.txt", "w+")) == NULL)
        printf("can't open the file! \n");
    else
    fprintf(fp, "% d,% s,% c", num1, name1, gender1); //将数据格式化输出到文件
info.txt 中
    rewind(fp);  //让文件中的指针指回首地址(第一个字符)
    fscanf(fp,"% d,% s,% c",&num2,name2,&gender2); //从文件 info.txt 中格式化读取数据
    printf("% d, % s, % c \n", num2, name2, gender2); //格式化输出到屏幕
    fclose(fp);
}
```

12.3.6 数据块读/写函数

虽然用 fgetc 和 fputc 函数可以读/写文件中的一个字符，但是当要求一次读取一组数据（例如，一个数组、一个结构体变量的值），这时使用 fread 和 fwrite 函数可以很好地解决该类问题。

1. 数据块读函数

函数原型为:int fread(void * buffer, size_t size, size_t num, FILE * stream);

2. 数据块写函数

函数原型为:int fwrite(const void * buffer, size_t size, size_t count, FILE * stream);

函数参数:

（1）buffer 是指针，对于 fread 函数是用于存放读入数据的首地址；对于 fwrite 函数是要输出数据的首地址。

（2）size 是一个数据块的字节数，count 是要读写的数据块块数。

（3）fp 是文件指针。

（4）fread，fwrite 函数返回读取/写入的数据块块数。

（5）以数据块方式读/写时，文件通常以二进制方式打开。

【例 12-6】 把数组中的 10 个数据写入二进制文件 C：\Users\tese.dat 文件中，然后读出并显示在屏幕上。

```
#include <stdio.h>
#include <stdlib.h>
#include <conio.h>


int main()
{
    FILE *fp;
    int a[10]={1,2,3,4,5,6,7,8,9,10},b[10],i;
    if((fp=fopen("C:\\Users\\ tese.dat","wb"))==NULL)
    {
        printf("file can not open\n") ;
        exit(1);
    }
    fwrite(a,sizeof(int),10,fp);
    fclose(fp);
    if((fp=fopen("C:\\Users\\ tese.dat","wb"))==NULL)
    {
        printf("file can not open\n") ;
        exit(1);
    }
```

```
    fread(a,sizeof(int),10,fp);
    fclose(fp);
    printf("\n");
    for(i=0;i<10;i++)
        printf(" %d",b[i]);
    getch();
}
```

12.3.7 文件定位函数

1. 指针重返函数 rewind

函数原型为:void rewind(FILE * stream);

rewind 函数的作用是使位置指针重返回文件的开头，属于文件的定位。其调用格式如下。

rewind(文件指针);

【例 12-7】 有一个文本文件，第一次使他显示在屏幕上，第二次把它复制到另外一个文件中。

```
#include <stdio.h>
int main()
{
    FILE *fp1, *fp2;
    fp1=fopen("str1.txt","r");
    fp1=fopen("str2.txt","w");
    while(! feof(fp1))
        putchar(getc(fp1));
    rewind(fp1);
    while(! feof(fp1));
        putc(getc(fp1),fp2);
    fclose(fp1);
    fclose(fp2);
}
```

2. 随机存取函数 fseek

函数原型:int fseek(FILE * stream, long offset, int origin);

对流式文件可以进行顺序读写，也可以进行随机读写。关键在于控制文件的位置指针，如果位置指针是按字节位置顺序移动的，就是顺序读写。如果能将位置指针按需要移动到任意位置，就可以实现随机读写。所谓随机读写，是指读完上一个字符（字节）后，并不一定要读写其后续的字符（字节），而可以读写文件中任意位置上所需要的字符（字节）。该函数的调用形式为：

fseek (fp, offset, start);

其中，start：起始点。用 0，1，2 代替。

0 代表文件开始，名字为 SEEK_SET。

1 代表当前位置，名字为 SEEK_CUR。

2 代表文件末尾，名字为 SEEK_END。

offset：相对应 start 位置偏移量，单位字节。

12.4 等级考试重难点讲解与真题解析

本模块主要考查文件打开与关闭、文件读写、文件定位等。通过对历年试卷内容的分析，本模块属于非重点考查内容。此部分知识属于C语言程序设计提高部分，相对较难。应该理解和掌握文件的读/写操作。另外，对于文件的定位也不能忽视。笔试考试和上机考试中的重点都是文件的读/写，上机考试多以填空题和改错题出现。

12.4.1 重点、难点解析

1. 文件的打开与关闭

C 语言规定，对文件读/写之前应该“打开”文件，在使用结束之后应该“关闭”文件。用 fopen 函数打开一个文件的一般格式为：

```
文件指针名=fopen(文件名,使用文件方式);
```

其中，“文件指针名”必须是用 FILE 类型定义的指针变量；“文件名”是被打开文件的文件名字符串常量或该字符串的首地址值；“使用文件方式”是指文件的类型和操作要求，通常有 r，w，a，rb，wb，ab，r+，w+，a+，rb+，wb+，ab+等方式，请熟悉每种方式的含义。

注意书写“文件名”时，常常要描述文件路径，其中的反斜杠必须用“\\”表示。

打开文件后，文件内部指针指向文件中的第 1 个数据，当读取了它所指向的数据后，指针会自动指向下一个数据。当向文件写入数据时，写完后指针自动指向下一个要写入数据的位置。

2. 文件的读写

(1) fgetc. fputc 函数

fgetc 函数是从指定的文件中读出一个字符，其一般调用形式如下：

```
ch= fgetc(fp);
```

fputc 函数是把一个字符写到文件中，其一般调用形式如下：

```
fputc(ch, fp);
```

(2) fscanf，fprintf 函数

这两个函数用于格式化读写函数，是从文件中读取指定格式的数据并把数据写入文件中。它们的语法格式分别如下：

```
fscanf(文件指针,格式控制字符串,输入地址表列);
fprintf(文件指针,格式控制字符串,输出表列);
```

（3）fread，fwrite函数

fread函数用来一次读入一组数据，fwrite函数用来一次向文件中写一组数据。调用格式分别如下：

```
fread(buffer,size, count,fp);
fwrite(buffer, size,count,fp);
```

其中，buffer是一个指针，在fread函数中，它表示存放数据的首地址，在fwrite函数中，它表示输出数据的首地址；size表示数据块的字节数；count表示要读写的数据块的块数；fp是文件指针。

3. 文件的定位

移动文件指针位置的函数主要有两个，即rewind和fseek函数。rewind函数的功能是把文件指针移到文件首。

fseek函数可以改变文件指针的位置。调用形式如下：

```
fseek(文件指针,位移量,起始点);
```

其中，“位移量”表示移动的字节数，要求位移量是long型数据，以便在文件长度大于64KB时不会出错；“起始点”表示从何处开始计算位移量，规定的起始点有3种：文件首（SEEK_SET，值为0），当前位置（SEEK_CUR，值为1）和文件尾（SEEK_END，值为2）。

12.4.2 真题解析

1. 下列关于C语言文件的叙述中正确的是（　　）。[2009年9月]

A. 文件由一系列数据一次排列组成，只能构成二进制文件

B. 文件由结构序列组成，可以构成二进制文件或文本文件

C. 文件由数据序列组成，可以构成二进制文件或文本文件

D. 文件由字符序列组成，只能是文本文件

答案：C

解析：根据数据的组织形式，C语言中的文件分为二进制文件和ASCII码文本文件。

2. 设f已定义，执行语句“fp=fopen（" file"，" w"）;”后，以下针对文本文件file的操作叙述正确的是（　　）。[2011年3月]

A. 写操作结束后可以从头开始读

B. 只能写不能读

C. 可以在原有内容后追加写

D. 可以随意读和写

答案：B

解析：在语句“fp=fopen（" file"，" w"）;”中，使用文件方式是w，为写而打开文本文件，只向文件写入数据而不能从文件读数据。如果文件不存在，创建文件，如果文件存在，原来的文件被删除，然后重新创建文件（相当于覆盖原来的文件）。

3. 有以下程序。

```
#include <stdio.h>
int main()
{
    FILE *fp;

    char *s1="China", *s2="Beijing";
    fp=fopen("abc.dat","wb+");
    fwrite(s2,7,1,fp);
    rewind(fp);
    fwrite(s1,5,1,fp);
    fclose(fp);
}
```

以上程序执行后 abc. dat 文件的内容是（　　）。[2008 年 9 月]

A. China

B. Chinang

C. ChinaBeijing

D. BeijingChina

答案：B

解析：该知识点考查的是几个文件指针函数。fwrite（s2，7，1，pf）表示把从地址 s2 开始的 7 个字符写到 pf 所指的文件中，即把“Beijing”写到文件中；rewind（pf）表示把文件指针移到文件的开头；fwrite（s1，5，1，pf）表示把从地址 s1 开始的 5 个字符写到 pf 所指的文件中，即又把“China”写到文件中，于是覆盖了 s2 所指字符串的前 5 个字符，所以最后文件中的内容是“Chinang”。

4. 有以下程序。

```
#include <stdio.h>
int main()
{
    FILE * fp;
    int i,a[6]={1,2,3,4,5,6};
    fp=fopen("d3. dat","wb+");
    fwrite(a,sizeof(int),6,fp);
    fseek(fp,sizeof(int) * 3,SEEK_SET);
    /*该语句使读文件的位置指针从文件头向后移动 3 个 int 型数据*/
    fread(a,sizeof(int),3,fp);
    fclose(fp);
    for(i=0;i<6;i++)
        printf("%d",a[i]);
}
```

程序运行后的输出结果是（　　）。[2007 年 4 月]

A. 4，5，6，4，5，6　　　　B. 1.2，3，4，5，6

C. 4，5，6，1.2，3　　　　D. 6.5.4，3，2，1

答案：A

解析：执行语句“fwrite (a，sizeof (int)，6，fp);”将 a 数组 6 个整型数据依次写到文件指针所指文件上，执行语句“fseek (fp，sizeof (int) * 3，SEEK _ SET);”使文件指针从文件头向后移动 3 个 int 型数据，执行语句“fread (a，sizeof (int)，3，fp);”将从文件指针当前位置开始的 3 个整型数据读到 a 数组中，即 a 数组前三个数据变为 4，5，6。最后输出 a 数组的值就为 A。

5. 以下程序运行后的输出结果是________。[2011 年 3 月]

```
int main()
{
    FILE *fp;
    int x[6]={1,2,3,4,5,6},i;
    fp=fopen("test.dat","wb");
    fwrite(x,sizeof(int),3,fp);
    rewind(fp);
    fread(x,sizeof(int),3,fp);
    for(i=0;i<6;i++)
        printf("%d",x[i]);
    printf("\n");
    fclose(fp);
}
```

答案：123456

解析：注意 fp 只是以写的方式打开文件 test. dat，所以执行 fwrite 后，将 x 中 3 个数据依次写到文件中，然后执行 rewind (fp) 又使指针移到文件首，但后面的 fread 并不执行。所以输出的 x 还是原来的数据，即 123456。

再分析以下程序。

```
int main()
{
    FILE * fp;
    int x[6]={1,2,3,4,5,6},i,y[3]={6,6,6};
    fp=fopen("test.dat","wb");
    fwrite(y,sizeof(int),3,fp);
    rewind(fp);
    fread(x,sizeof(int),3,fp);
    for(i=0;i<6;i++)
        printf("%d",x[i]);
    printf("\n"),
    fclose(fp);
}
```

程序运行结果仍然是 123456，只是把 y 的值写到文件中，文件指针移到文件首，但“Iread（x，sizeof（int），3. fp”同样没有执行。所以要使 x 前三个值是 y 的值，必须修改文件打开方式为“fp＝fopen（" test，dat"," w 十")”才能执行“fread（x. sizeof（int)，3，fp)”，将文件中的 3 个数据读到数组中。

12.5 思考与练习

12.5.1 选择题

1. 以下（　　）操作后，文件的指针不指向文件首。

A. rewind（fp）;　　B. fseck（fp，0L，0）nN 出 v

C. fseek（fp，0L，2）　　D. fopen（" f. c"," r"）;

2. 使用 fopen（）函数打开一个文件时，读写指针（　　）。

A. 一定在文件首　　B. 一定在文件尾

C. 不确定　　D. 可能在文件首，也可能在文件尾

3. 若 fp 是指向某文件的指针，且已读到文件末尾，则库函数 feof（fp）的返回值是（　　）。

A. EOF　　B. －1　　C. 非零值　　D. NULL

4. 在 C 语言中，可把整型数以二进制形式存放到文件中的函数（　　）。

A. fprintf　　B. fread　　C. fwrite　　D. fputc

5. 若打开文件为了先读后写时，打开方式应选择（　　）。

A. r　　B. r＋　　C. w＋　　D. w

6. C 语言中，能识别处理的文件为（　　）。

A. 文本文件和数据块文件　　B. 文本文件和二进制文件

C. 流文件和文本文件　　D. 数据文件和二进制文件

7. 阅读下面程序。

```
int main(int argc,char * argv[])
{
    FILE *p1, *p2;
    int C;
    p1 =fopen(argv[1],"r");
    p2=fopen(argv[2],"a");
    C=fseek(p2,0L,2);

    while((C=fgetc(p1))! =EOF)
        fputc(C,p2);
    fclose(p1);
    fclose(p2);
}
```

此程序的功能为（　　）。

A. 将 p1 打开的文件中的内容复制到 p2 打开的文件

B. 将 p2 打开的文件中的内容复制到 p1 打开的文件

C. 现将 p1 打开的文件中的内容追加到 p2 打开的文件内容之后

D. 现将 p2 打开的文件中的内容追加到 p1 打开的文件内容之后

12.5.2 填空题

1. 在对文件操作的过程中，若要求文件的位置指针回到文件的开始处，应当调用的函数是________。

2. 以下程序的功能是将 file1.txt 的内容复制到 file2.txt 文件中，请填空。

```
#include <stdio.h>
int main()
{
    FILE *f1,2;
    char ch;
    f1=fopen("file1.txr",________);
    f2=fopen("file2.txt",________);
    while(________)
        fput(fgetc(f1),________);
    ________;________;
}
```

3. 以下程序将数组 a 的 4 个元素和数组 b 的 6 个元素写到名为 lett.dat 的二进制文件中，请填空。

```
int main()
{
    FILE * fp;
    char a[5]="1234",b[7]="abcedf";
    if((fp=fopen("________","wb"))==NULL)
        exit(0);
    fwrite(a,sizeof(char),4,fp);
    fwrite(b,________,6,fp);
    fclose(fp);
}
```

4. 以下程序功能为：从键盘输入一个字符串，把它输出到文件 file1.dat 中，设以#作为结束的标志。请填空。

```
#include <stdio.h>
#include <stdlib.h>
int main()
{
    FILE *fp;
```

```
    char ch;
    if((fp=________)==NULL)
    {
        printf("open error\n");
        exit(0);
    }
    while((ch=getch())! ='#')
        fputc(________,fp);
    fclose(fp);
}
```

12.5.3 编程题

1. 编写程序，从键盘上输入一行字符，形成一个名为 test.dat 的文件，存于指定的目录下。

2. 在一个文本文件中有若干句子，要求将它读入内存，然后输出到另一个文件时使一个句子单独为一行。

3. 将 10 名职工的信息从键盘输入，送入文件 workers.rec 中保存，然后从文件中输出职工信息。设职工信息包括职工号、姓名、性别、年龄和工资。

13 项目分析

学知识容易，用知识难！编程是一门不断实践的技术，读者不但要阅读C语言入门教程，还要自己动手去开发项目，将知识运用到实际中。

初学者往往有这样的困惑：教程已经阅读过了，其中的知识点也都理解了，但是真正编写代码的时候却感觉无从下手，甚至连数组排序、杨辉三角、文件复制、韩信点兵等这样的小程序都不能完成。究其原因，就是缺少实践，没有培养起编程思维，没有处理相关问题的经验。编程能力往往和你的代码量成正比！

现在，大家就来实践一下吧，做几个小项目。下面的每个C语言项目实践案例都给出了规范的源码、清晰的思路、丰富的注释以及透彻的解析。

13.1 代码分析

13.1.1 system（）函数讲解

1. 头文件：#include <stdlib.h>

定义函数：int system（const char * string）；system（）—执行shell命令，也就是像dos发送一条指令；相关函数：fork，execve，waitpid，popen。

例如，system（"pause"）可以实现冻结屏幕，便于观察程序的执行结果；system（" CLS"）可以实现清屏操作。而调用color函数可以改变控制台的前景色和背景，具体参数在下面说明。

例如，用system（"color 0A"）；其中color后面的0是背景色代号，A是前景色代号。各颜色代码如下：

0=黑色，1=蓝色，2=绿色，3=湖蓝色，4=红色，5=紫色，6=黄色，7=白色，8=灰色，9=淡蓝色，A=淡绿色，B=淡浅绿色，C=淡红色，D=淡紫色，E=淡黄色，F=亮白色。

2. 函数说明

system（）会调用fork（）产生子进程，由子进程来调用/bin/sh－c string执行参数string字符串所代表的命令，此命令执行完后随即返回原调用的进程。在调用system（）期间SIGCHLD信号会被暂时搁置，SIGINT和SIGQUIT信号则会被忽略。

3. 返回值说明

（1）如果system（）在调用/bin/sh时失败则返回127，其他失败原因返回－1。

（2）若参数string为空指针（NULL），则返回非零值。

(3) 如果 system () 调用成功则最后会返回执行 shell 命令后的返回值，但是此返回值也有可能为 system () 调用/bin/sh 失败所返回的 127，因此最好能再检查 errno 来确认执行成功。

4. 附加说明

在编写具有 SUID/SGID 权限的程序时请勿使用 system ()，system () 会继承环境变量，通过环境变量可能会造成系统安全的问题。

5. 具体参数说明

下面列出常用的 DOS 命令，都可以用 system 函数调用：

ASSOC　显示或修改文件扩展名关联。
AT　计划在计算机上运行的命令和程序。
ATTRIB　显示或更改文件属性。
BREAK　设置或清除扩展式 Ctrl+C 检查。
CACLS　显示或修改文件的访问控制列表（ACLs）。
CALL　从另一个批处理程序调用这一个。
CD　显示当前目录的名称或将其更改。
CHCP　显示或设置活动代码页数。
CHDIR　显示当前目录的名称或将其更改。
CHKDSK　检查磁盘并显示状态报告。
CHKNTFS　显示或修改启动时间磁盘检查。
CLS　清除屏幕。
CMD　打开另一个 Windows 命令解释程序窗口。
COLOR　设置默认控制台前景和背景颜色。
COMP　比较两个或两套文件的内容。
COMPACT　显示或更改 NTFS 分区上文件的压缩。
CONVERT　将 FAT 卷转换成 NTFS。您不能转换当前驱动器。
COPY　将至少一个文件复制到另一个位置。
DATE　显示或设置日期。
DEL　删除至少一个文件。
DIR　显示一个目录中的文件和子目录。
DISKCOMP　比较两个软盘的内容。
DISKCOPY　将一个软盘的内容复制到另一个软盘。
DOSKEY　编辑命令行，调用 Windows 命令并创建宏。
ECHO　显示消息，或将命令回显打开或关上。
ENDLOCAL　结束批文件中环境更改的本地化。
ERASE　删除至少一个文件。
EXIT　退出 CMD. EXE 程序（命令解释程序）。
FC　比较两个或两套文件，并显示不同处。
FIND　在文件中搜索文字字符串。
FINDSTR　在文件中搜索字符串。

FOR	为一套文件中的每个文件运行一个指定的命令。
FORMAT	格式化磁盘，以便 Windows 使用。
FTYPE	显示或修改用于文件扩展名关联的文件类型。
GOTO	将 Windows 命令解释程序指向批处理程序中某个标明的行。
GRAFTABL	启用 Windows 来以图像模式显示扩展字符集。
HELP	提供 Windows 命令的帮助信息。
IF	执行批处理程序中的条件性处理。
LABEL	创建、更改或删除磁盘的卷标。
MD	创建目录。
MKDIR	创建目录。
MODE	配置系统设备。
MORE	一次显示一个结果屏幕。
MOVE	将文件从一个目录移到另一个目录。
PATH	显示或设置可执行文件的搜索路径。
PAUSE	暂停批文件的处理并显示消息。
POPD	还原 PUSHD 保存的当前目录的上一个值。
PRINT	打印文本文件。
PROMPT	更改 Windows 命令提示符。
PUSHD	保存当前目录，然后对其进行更改。
RD	删除目录。
RECOVER	从有问题的磁盘恢复可读信息。
REM	记录批文件或 CONFIG. SYS 中的注释。
REN	重命名文件。
RENAME	重命名文件。
REPLACE	替换文件。
RMDIR	删除目录。
SET	显示、设置或删除 Windows 环境变量。
SETLOCAL	开始批文件中环境更改的本地化。
SHIFT	更换批文件中可替换参数的位置。
SORT	对输入进行分类。
START	启动另一个窗口来运行指定的程序或命令。
SUBST	将路径跟一个驱动器号关联。
TIME	显示或设置系统时间。
TITLE	设置 CMD. EXE 会话的窗口标题。
TREE	以图形模式显示驱动器或路径的目录结构。
TYPE	显示文本文件的内容。
VER	显示 Windows 版本。
VERIFY	告诉 Windows 是否验证文件已正确写入磁盘。
VOL	显示磁盘卷标和序列号。

XCOPY 复制文件和目录树。

6. 标题，窗口大小，颜色设置

SYSTEM：

system（" title 五子棋——C语言信盈达培训中心"）；//设置标题

system（" color 07"）； //设置背景颜色与当前颜色

system（" mode con cols=63 lines=32"）； //设置窗口大小

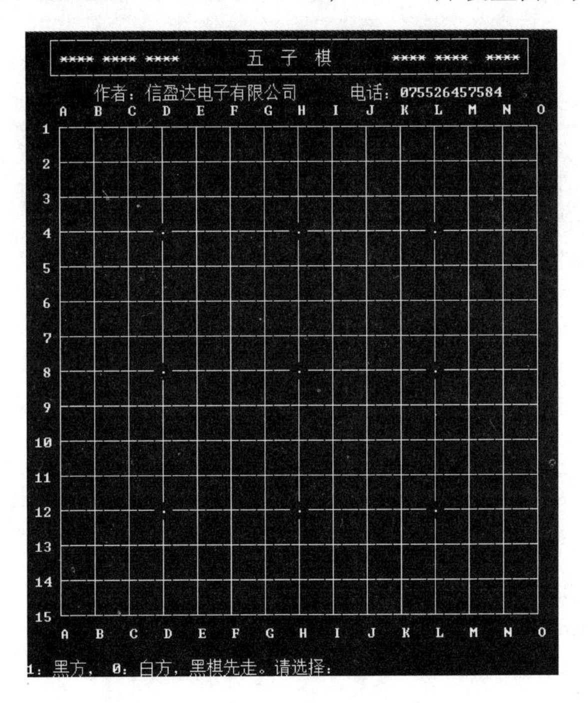

13.1.2 显示棋盘

1. printf 函数的用法

printf("");//双引号内的直接输出(除了%输出数据格式和\转义字符 需翻译)

(1) 输入输出格式（小写）

%c 字符格式 例如:char a='q'; printf("%c",a) ; //输出'q'

%s 字符串格式 例如:char *a="abcd"; printf("%s",a) ; //输出 "abcd"

%f 浮点型格式 例如:float a=5.2; printf("%f",a) ; //输出 5.200000

%o 八进制格式 例如:int a=17; printf("%o",a); //输出 21

%x 十六进制格式 例如:int a=17; printf("%x",a); //输出 11

%d 有符号(有符号十进制整型格式输出) 例如:int a=17; printf("%d",a); //输出 17
(只识别 31 位,第 32 位默认符号位)

例如：

```
int main()
{
```

```
    unsigned int  a=2147483647;//2的31次方为147483648
    unsigned int  b=2147483648;
    printf("%d\n",a); //达到31位最大存储,输出2147483647
    printf("%d\n",b); //超过31位最大存储,输出-2147483648
}
```

%u无符号32位。(无符号十进制整型格式输出)

例如：

```
int main()
{
    unsigned int  a=2147483647;//2的31次方为147483648
    unsigned int  b=2147483648;
    printf("%u\n",a); //2147483647
    printf("%u\n",b); //2147483648
}
```

(2) 修饰符：

l长整型

例如：

```
int main()
{
    long int  a=2147483647;
    printf("%ld\n",a);        //l代表长整型
}
```

m.n

m代表位宽,当输出位宽小于等于实际位宽,按实际输出;大于实际位宽默认补空格;

例如：

```
#include <stdio.h>  //头文件 ——标准输入输出(printf scanf gets)
int main()
{
    float  a=24.83647;//实际位宽8
    printf("%12.5f\n",a); //输出位宽15(5位小数),不够左边补4个空格
}
```

0m位宽补0

```
#include <stdio.h>  //头文件 ——标准输入输出(printf scanf gets)
```

```
int main()
{
    int  a=24;        //实际位宽 2
    printf(" %04d\\n",a); //输出位宽 4,不够左边补 2 个 0
}
```

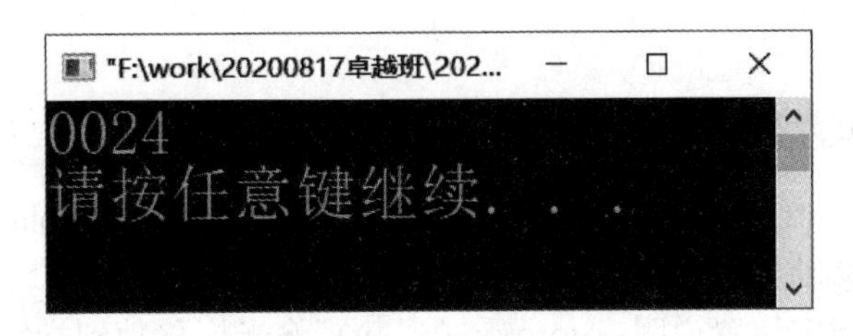

注意：当 m 为正数，且 m 大于实际位宽左边补空格；当 m 为负数，且 m 大于实际位宽右边补空格。

n 与%. nf ，n 代表小数位数；

n 与%. ns，n 代表输出字符个数。

例如：

```
printf("%.4s","abcdefg");  //输出"abcd"
```

#(%#o %#x)八进制和十六进制的前缀

例如：

```
int  a=17;
printf("%#o",a);//输出 021
printf("%#x",a);//输出 0x11
```

2. 显示棋盘函数

```
#define MAXIMUS 11  //定义棋盘行列数
void qipan_show(void)
{
    int i;
    row=20;  //行光标初始位置
    col=10;  //列初始位置
    gotoxy(0,0);

    printf("┌─────┬─────┬─────┬─────┬─────┬─────┬─────┬─────┬─────┬─────┐\n");

    for(i=0;i<N-2;i++)
    {
    printf("│  │  │  │  │  │  │  │  │  │  │\n");
```

```
        printf(" ├────┼────┼────┼────┼────┼────┼────┼────┼────
┼────┤ \n");
    }
        printf(" │    │    │    │    │    │    │    │    │    │    │ \n");
        printf(" └────┴────┴────┴────┴────┴────┴────┴────┴────
┴────┘ ");
        gotoxy(row,col); //定义光标位置
    }
```

13.1.3 定位光标函数

gotoxy（int x，int y）是一种 c/c＋＋函数，原型是 extern void gotoxy（int x，int y），功能是将光标移动到指定位置，头文件 ＃include <system. h>。

将光标移动到指定位置说明：gotoxy（x，y）将光标移动到指定行 x 和列 y。设置光标到文本屏幕的指定位置，其中参数 x，y 为文本屏幕的坐标。例如，gotoxy（0，0）将光标移动到屏幕左上角。

（1）GetStdHandle（nStdHandle）返回标准的输入、输出或错误的设备的句柄，也就是获得输入、输出/错误的屏幕缓冲区的句柄。

nStdHandle 值为下面几种类型的一种：

值	含义
STD_INPUT_HANDLE	标准输入的句柄
STD_OUTPUT_HANDLE	标准输出的句柄
STD_ERROR_HANDLE	标准错误的句柄

例如：GetStdHandle（STD_OUTPUT_HANDLE）

（2）SetConsoleCursorPosition 是一个 Window api；作用是设置控制台（cmd）光标位置。

SetConsoleCursorPosition 是一个计算机函数，如果用户定义了 COORD pos，那么 pos 其实是一个结构体变量，其中 x 和 y 是它的成员，通过修改 pos. x 和 pos. y 的值就可以实现光标的位置控制。

例如：

```
typdef struct
{
  int x;
  int y;
} COORD ;
  COORD pos= {15, 5}; //x 轴坐标 pos. x=15 , y 轴坐标 pos. y=5;
  SetConsoleCursorPosition (GetStdHandle (STD _ OUTPUT _ HANDLE),
pos);
```

13.1.4 判断输赢函数讲解

判断输赢主要是看谁的棋子先连成 5 颗；

判断方法：累计横竖正斜反斜，四个方向的连续相同棋子数目。

向当前下子方的位置，在向上并向下检测共连续有几颗子，再累加看是否等于 5；以此类推，检测 8 次。

```
int Check()//胜负检查,即判断当前走子位置有没有造成五连珠的情况
{
    int w=1,x=1,y=1,z=1,i;//累计横竖正斜反邪四个方向的连续相同棋子数目
    for(i=1;i<5;i++)if(Cy+i<MAXIMUS&&p[Cx][Cy+i]==Now)w++;else break;//向下检查
    for(i=1;i<5;i++)if(Cy-i>0&&p[Cx][Cy-i]==Now)w++;else break;//向上检查
    if(w>=5)return Now;//若果达到 5 个则判断当前走子玩家为赢家

    for(i=1;i<5;i++)if(Cx+i<MAXIMUS&&p[Cx+i][Cy]==Now)x++;else break;//向右检查
    for(i=1;i<5;i++)if(Cx-i>0&&p[Cx-i][Cy]==Now)x++;else break;//向左检查
    if(x>=5)return Now;//若果达到 5 个则判断当前走子玩家为赢家

    for(i=1;i<5;i++)if(Cx+i<MAXIMUS&&Cy+i<MAXIMUS&&p[Cx+i][Cy+i]==Now)y++;else break;//向右下检查
    for(i=1;i<5;i++)if(Cx-i>0&&Cy-i>0&&p[Cx-i][Cy-i]==Now)y++;else break;//向左上检查
    if(y>=5)return Now;//若果达到 5 个则判断当前走子玩家为赢家

    for(i=1;i<5;i++)if(Cx+i<MAXIMUS&&Cy-i>0&&p[Cx+i][Cy-i]==Now)z++;else break;//向右上检查
    for(i=1;i<5;i++)if(Cx-i>0&&Cy+i<MAXIMUS&&p[Cx-i][Cy+i]==Now)z++;else break;//向左下检查
    if(z>=5)return Now;//若果达到 5 个则判断当前走子玩家为赢家
    return 0;//若没有检查到五连珠,则返回 0 表示还没有玩家达成胜利
}
```

13.2 源码实例

```
#include <stdio.h>
#include <windows.h>

#define N 11//棋盘的格数
#define SPACE 32//空格键
#define ESC  27  //Esc 键
#define LEFT  0X4B//上
#define UP  0X48//下
#define RIGHT 0x4D//左
```

```
#define DOWN  0x50//右

int row,col;//row 行 ;col 列
int temp_row,temp_col;//存放行、列数据
char flag;//判断放置黑白棋标志,0 放黑棋,1 放白棋
int buff_qi[56][28];//定义一个数组,用于保存棋子
int cnt;  //统计黑白棋的总数

void gotoxy(SHORT x, SHORT y) //定位光标
{
    COORD pos;
    pos.X = x ;
    pos.Y = y ;
    SetConsoleCursorPosition(GetStdHandle(STD_OUTPUT_HANDLE),pos);
}

//显示棋盘函数
void qipan_show(void)
{
    int i;
    row=20;///行光标初始位置
    col=10;//列初始位置
    gotoxy(0,0);

    printf("┌─────┬─────┬─────┬─────┬─────┬─────┬─────┬─────┬─────┬─────┐\n");

    for(i=0;i<N-2;i++)
    {
      printf("│     │     │     │     │     │     │     │     │     │     │\n");
      printf("├─────┼─────┼─────┼─────┼─────┼─────┼─────┼─────┼─────┼─────┤\n");
    }
      printf("│     │     │     │     │     │     │     │     │     │     │\n");
      printf("└─────┴─────┴─────┴─────┴─────┴─────┴─────┴─────┴─────┴─────┘");
      gotoxy(row,col); //定义光标位置
    }
    void variable_init()//变量初始化
    {
        int i,j;//循环变量
        cnt=0; //清掉棋子数
        for(i=0;i<=56;i+=4)
```

```
        {
            for(j=0;j<=28;j+=2)
            {
                buff_qi[i][j]=0;
            }
        }
        qipan_show(); //棋盘显示
}

void printf_qi(void)
{
    if((flag==0)&&(buff_qi[row][col]==0))//放置黑棋
    {
        flag=1;
        printf("●");
        buff_qi[row][col]=1;
        temp_row=row;
        temp_col=col;
        row+=4;
        if(row>56)row=0;
        gotoxy(row,col);
    }
    else if((flag==1)&&(buff_qi[row][col]==0))//放置白棋
    {
        flag=0;
        printf("○");
        buff_qi[row][col]=2;
        temp_row=row;
        temp_col=col;
        row+=4;
        if(row>56)row=0;
        gotoxy(row,col);
    }
}
//判断输赢,即判断当前走子位置有没有造成五连珠的情况
//返回 1 黑赢
//返回 2 白赢

int Check_Winner(void)
{
    //累计四个方向的连续相同黑棋子数目
    int i,up_down_b=0,left_right_b=0,\
    right_down_left_up_b=0,right_up_left_down_b=0;
```

```
//累计四个方向的连续相同白棋子数目
int up_down_w=0,left_right_w=0,right_down_left_up_w=0,\
right_up_left_down_w=0;
if(flag==1)//放下黑棋后判断
{
    for(i=2;i<10;i+=2)//向上检查
    {
        if((col-i)>=0 &&(buff_qi[temp_row][temp_col-i]==1))
            up_down_b++;
        else
            break;
    }
    for(i=2;i<10;i+=2)//向下检查
    {
        if((col+i)<=28 && (buff_qi[temp_row][temp_col+i]==1))
            up_down_b++;
        else
            break;
    }
    for(i=4;i<20;i+=4)//向左检查
    {
        if((row-i)>=0 && (buff_qi[temp_row-i][temp_col]==1))
            left_right_b++;
        else
            break;
    }
    for(i=4;i<20;i+=4)//向右检查
    {
        if((row+i)<=56 && (buff_qi[temp_row+i][temp_col]==1))
            left_right_b++;
        else
            break;
    }
    for(i=2;i<10;i+=2)//向右下检查
    {
        if( (row+2 * i)<=56 && (col+i)<=28\
            &&(buff_qi[temp_row+2 * i][temp_col+i]==1))
            right_down_left_up_b++;
        else
            break;
    }
    for(i=2;i<10;i+=2)//向左上检查
    {
```

```
            if( (row-2 * i)<=56 && (col-i)<=28 \
                && (buff_qi[temp_row-2 * i][temp_col-i]==1))
                right_down_left_up_b++;
            else
                break;
        }
        for(i=2;i<10;i+=2)//向右上检查
        {
            if( (row+2 * i)<=56 && (col-i)>=0 \
                && (buff_qi[temp_row+2 * i][temp_col-i]==1))
                right_up_left_down_b++;
            else
                break;
        }
        for(i=2;i<10;i+=2)//向左下检查
        {
            if((row-2 * i)>=0 && (col+i)<=28 \
                && (buff_qi[temp_row-2 * i][temp_col+i]==1))
                right_up_left_down_b++;
            else
                break;
        }

         if( (up_down_b>=4)||(left_right_b>=4)||(right_down_left_up_b>=4)\
            ||(right_up_left_down_b>=4))
        {
            return 1; //黑方赢
        }

    }

    else if(flag==0)//放下白棋后判断
    {
        for(i=2;i<10;i+=2)//向上检查
        {
            if( ( col-i ) >= 0  &&  ( buff_qi[temp_row][temp_col-i ] == 2 ) )
                up_down_w++;
            else
                break;
        }
        for(i=2;i<10;i+=2)//向下检查
        {
            if( ( col+i ) <= 28  &&  ( buff_qi[temp_row][temp_col+i] == 2 ) )
```

```
            up_down_w++;
        else
            break;
    }
    for(i=4;i<20;i+=4)//向左检查
    {
        if( ( row-i ) >= 0  &&  ( buff_qi[temp_row-i][temp_col] == 2 ) )
            left_right_w++;
        else
            break;
    }
    for(i=4;i<20;i+=4)//向右检查
    {
        if ( ( row+i ) <= 56  &&  ( buff_qi[temp_row+i][temp_col] == 2 ) )
            left_right_w++;
        else
            break;
    }
    for(i=2;i<10;i+=2)//向右下检查
    {
        if ( ( row+2 * i ) <= 56  &&  ( col+i ) <= 28  \
            &&  ( buff_qi[temp_row+2 * i][temp_col+i] == 2 ) )
            right_down_left_up_w++;
        else
            break;
    }
    for(i=2;i<10;i+=2)//向左上检查
    {
        if ( ( row-2 * i ) <= 56  &&  ( col-i ) <= 28 \
            &&  ( buff_qi[temp_row-2 * i][temp_col-i] == 2 ) )
            right_down_left_up_w++;
        else
            break;
    }
    for(i=2;i<10;i+=2)//向右上检查
    {
        if( ( row+2 * i ) <= 56  &&  ( col-i ) >= 0 \
            &&  ( buff_qi[temp_row+2 * i][temp_col-i] == 2 ) )
            right_up_left_down_w++;
        else
            break;
    }
    for(i=2;i<10;i+=2)//向左下检查
```

```
        {
            if( ( row-2 * i ) >= 0  &&  ( col+i ) <= 28 \
                &&  ( buff_qi[temp_row-2 * i][temp_col+i] == 2 ) )
                right_up_left_down_w++;
            else
                break;
        }

        if( ( up_down_w >= 4 ) || ( left_right_w >= 4 ) \
                || ( right_down_left_up_w >= 4) || ( right_up_left_down_w >= 4 ) )
        {
            return 2; //白方赢
        }
    }
    return 0;//没有赢家
}
//获取键盘输入函数
int Get_Input_Val (void)
{
    int get_input;
    int winner;
    variable_init();//变量初始化
    while(1)
    {
        get_input=getch(); //获取键盘输入的值
        if( get_input==ESC) //按下 Esc 键
        {
            exit(0);  //正常退出
        }
        else if (get_input==SPACE)//按下空格键
        {
            printf_qi(); //放置棋子
            cnt++;
            winner=Check_Winner(); //检查 输赢
            if(winner==1)
            {
                printf("黑方赢 ");
                system("pause>nul");//等待用户输入
                return 1;
            }
            else if(winner==2)
            {
                printf("白方赢 ");
```

```
                system("pause>nul");//等待用户输入
                return 1;
            }
            else if(cnt==15*15) //棋盘可放棋子的总数
            {
                printf("平局");
                system("pause>nul");//等待用户输入
                return 1;
            }
        }
        else if(get_input==0xE0)//判断两次,第一次为 0xE0 表示按下的是控制键
        {
            get_input=getch();//第二次键盘输入的值
            switch(get_input)//判断方向键方向并移动光标位置
            {
                case LEFT:row-=4;break;
                case UP:col-=2;break;
                case RIGHT:row+=4;break;
                case DOWN:col+=2;break;
            }

            if(row<0)  row=56;//如果光标位置越界则移动到对侧
            if(col<0)col=28;
            if(row>56)row=0;
            if(col>28)col=0;
            gotoxy(row,col);
        }

    }
    return 0;
}
int main()
{
    system("title 五子棋 —— C语言信盈达培训中心");//设置标题
    system("mode con cols=59 lines=29");//设置窗口大小
    system("color 64");  //设置背景颜色
    while(1)
    {
        Get_Input_Val();
    }
}
```

14 程序编程规范及优化

14.1 嵌入式C语言程序编程规范

14.1.1 编程总原则

编程时首先要考虑程序的可行性，然后是可读性、可移植性、健壮性及可测试性，这是编程规范总原则。但是很多人忽略了可读性、可移植性和健壮性（可调试的方法可能各不相同），这是不对的。

（1）当项目比较大时，最好分模块编程，一个模块一个程序，方便修改，也便于重用和阅读。

（2）每个文件的开头应该写明这个文件是哪个项目里的哪个模块，是在什么编译环境下编译的，编程者（修改者）和编程日期。值得注意的是，一定要写编程日期，因为以后再次查看文件时，可以知道程序是什么时候编写的，有什么功能，并且可以知道类似模块之间的差异（有时同一模块所用的资源不同，与单片机相连的方法也不同，或者只是在原有模块上加以改进）。

（3）一个C语言源文件可以配置一个.h头文件，或者整个项目的C语言文件可以配置一个.h头文件。但通常采用整个项目的C语言文件配置一个.h头文件的方法，并且使用＃ifndef，＃define，＃endif等宏来防止重复定义，方便各模块之间相互调用。

（4）一些常量（如圆周率PI）或者通常需要在调试时修改的参数最好用＃define定义，但要注意宏定义只是简单地替换，因此有些括号不可少。

（5）不要轻易调用某些库函数，因为有些库函数代码很长（本书反对使用printf之类的库函数，但这是一家之言）。

（6）书写代码时要注意括号对齐，固定缩进，每个“{}”占一行，本书采用缩进4个字符应该还是比较合适的，if，for，while，do等语句各占一行，执行语句不要紧跟其后，无论执行语句多少都要加“{}”，千万不要写为如下格式：

```
for(i=0;i<100;i++)
{
    fun1();
    fun2();
}
```

或者如下格式：

```
for(i=0;i<100;i++)
{
fun1();
fun2();
}
```

而应该写为如下格式：

```
for(i=0;i<100;i++)
{
    fun1();
    fun2();
}
```

（7）每行只实现一个功能。例如：

```
a=2;b=3;c=4;
```

宜改为：

```
a=2;
b=3;
c=4;
```

（8）重要、难懂的代码要注释，每个函数要注释，每个全局变量要注释，一些局部变量也要注释。注释写在代码的上方或者右方，千万不要写在代码的下方。

（9）对各运算符的优先级要有所了解，不记得没关系，加括号就是，千万不要自作聪明认为自己记得很牢。

（10）无论有没有无效分支，switch 函数一定要写 defaut 这个分支。可以使阅读者知道程序员并没有遗忘 default，并且防止程序运行过程中出现的意外（健壮性）。

（11）变量和函数的命名最好能够做到“望文生义”。不要命名为如 x，y，z，a，sdrf 等名字。

（12）没有函数的参数和返回值时最好使用 void。

（13）通常，习惯用汇编编程的人很喜欢用 goto，但 goto 是嵌入式 C 语言的大忌。但是老实说，程序出错是程序员自己造成的，不是 goto 的过错。本书只建议一种情况下使用 goto 语句，即从多层循环体中跳出。

（14）指针是嵌入式 C 语言的精华，但是在单片机 C 语言中少用为妙，其他地方可以随意使用，因为有时反而要浪费很多空间，并且在对片外数据进行操作时会出错（可能是时序的问题）。

（15）一些常数和表格应该放到 code 区中以节省 RAM。

（16）程序应该能够很方便地进行测试，其实这也与编程思路有关。通常，编程的顺序有三种：一种是自上而下，先整体再局部；另一种是自下而上，先局部再整体；还有一种是结合两者往中间凑。本书程序的做法是先大概规划一下整个编程，然后一个模块、一个模块地独立编程，每个模块调试成功后再拼凑在一起调试。如果程序不大，则可以直接用一个文件直接编程，如果程序很大，宜采用自上而下的方式，但更多的是处在中间的情况，这种情况宜采用自下而上或者多种方式组合的方式。

标准的“模块”或“文件”注释内容如下所示：

```
/////////////////////////////////////////////////////////////////////
//公司名称:
//模 块 名:
//创 建 者:注意要加日期
//修 改 者:注意要加日期
//功能描述:
//其他说明:
//版    本:
/////////////////////////////////////////////////////////////////////
```

以下是“函数”注释内容：

```
/////////////////////////////////////////////////////////////////////
//函 数 名:
//功能描述:
//函数说明:
//调用函数:
//全局变量:
//输    入:
//返    回:
//设 计 者:
//修 改 者:
//版    本:
/////////////////////////////////////////////////////////////////////
```

14.1.2 编程举例

嵌入式C语言作为一个编程工具，最终的目的就是实现程序的功能。在满足这个前提条件下，人们通常希望程序能很容易地被别人读懂，或者也能很容易地读懂别人的程序，在团体合作开发中就能事半功倍。例如，下面这种注释方法可供参考。

```
/*******************************************
************************************
****程序名称:  跑马灯程序
****设计者:    秦培良  日期:2019年5月20日
****修改者:    韦全晓  日期:2021年8月18日
****功  能:  GPIO跑马灯测试程序
版本信息: V2.1
****说  明:4个LED分别接在GPB5～GPB8上
*******************************************
**************************************/
#define rGPBCON  (*(volatile unsigned *)0x56000010)//Port B control
#define rGPBDAT  (*(volatile unsigned *)0x56000014)//Port B data
#define rGPBUP  (*(volatile unsigned *)0x56000018)//Pull-up control B
```

```
/*****************************************************************************
****  函数名：delay()
****  形  参：t延时时间长度
****  功  能：延时函数
****  说  明：一定时间长度的延时,时间可调
*****************************************************************************/
void delay(unsigned int t)
{
    for(;t>0;t--);
}

/*****************************************************************************
****  函数名:main()
****  形  参:无
****  功  能:主程序GPIO跑马灯测试程序
****  说  明:4个LED分别接在GPB5~GPB8上
*****************************************************************************/
int main (void)
{
    int j;
    rGPBCON =0x00015400; //0000 0000 0000 0001 0101 0100 0000 0000 配置成输出GPB5~GPB8
    rGPBUP  =0x3ff;  //GPB1~GPB10禁止上拉
    while(1)
    {
        for(j=0;j<4;j++)
        {
            rGPBDAT=0xfdf; delay(300000);
            rGPBDAT=0xfbf; delay(300000);
            rGPBDAT=0xf7f; delay(300000);
            rGPBDAT=0xeff; delay(300000);
        }
    }
}
```

14.1.3 注释

注释一般采用中文。

文件（模块）注释内容通常包括公司名称、版权、作者名称、修改时间、模块功能和背景介绍等，复杂的算法需要加上流程说明。例如：

```
/*************************************************************************/
/*公司名称:*/
```

```
/*模 块 名:停车场控制系统 型号:TCC001 */
/*创 建 人:zhangsan 日期:2010-08-08 */
/*修 改 人:lisi     日期:2010-08-18 */
/*功能描述:                */
/*其他说明:                */
/*版    本:                */
/*****************************************
******************************/
```

函数开头的注释内容通常包括函数名称、功能、说明、输入、返回、函数描述、流程处理、全局变量和调用样例等，复杂的函数需要加上变量用途说明。

```
/*****************************************
****************************
* 函 数 名:v_LcdInit
* 功能描述:LCD初始化
* 函数说明:初始化命令:0x3c,0x08,0x01,0x06,0x10,0x0c
* 调用函数:v_Delaymsec(),v_LcdCmd()
* 全局变量:
* 输    入:无
* 返    回:无
* 设 计 者:zhao  日期:2010-08-08
* 修 改 者:zhao  日期:2010-08-18
* 版    本:
*****************************************
******************************/
```

程序中的注释内容通常包括修改时间、作者及方便理解的注释等。注释内容应简炼、清楚、明了，一目了然的语句可不加注释。

14.1.4 命名

命名必须具有一定的实际意义。

常量的命名：全部用大写。

变量的命名：变量名加前缀，前缀反映变量的数据类型，用小写。反映变量意义的第一个字母大写，其他小写。其中，变量数据类型见表14-1。

表 14-1 变量数据类型

变量	前缀	变量	前缀
unsigned char	uc	signed char	sc
unsigned int	ui	signed int	si
unsigned long	ul	signed long	sl
bit	b	指针	p

例如，变量ucReceivData可看出是用于接收数据的变量。

结构体命名：全部用大写。

函数的命名：函数名首字大写，若包含两个单词时，则每个单词首字母大写。

函数原型说明包括：引用外来函数及内部函数，外部引用必须在右侧注明函数来源，包括模块名及文件名；内部函数只要求注释其定义的文件名。

14.1.5 编辑风格

1. 缩进

缩进以 Tab 为单位，一个 Tab 为四个空格。预处理语句、全局数据、函数原型、标题、附加说明、函数说明、标号等均顶格书写。语句块的“{”“}”配对对齐，并与其前一行对齐。

2. 空格

数据和函数在其类型、修饰名称之间适当空格并根据情况对齐。关键字原则上空一格，如 if (...) 等。

运算符的空格规定如下：“－＞”“[”“]”“＋＋”“－－”“～”“!”“＋”（正号）、“－”（负号）、“&”（取址或引用）、“*”（使用指针时）等几个运算符两边不空格（其中，单目运算符系指与操作数相连的一边）；其他运算符（包括大多数二目运算符和三目运算符“?:”两边均空一格；“("")”运算符在其内侧空一格；在定义函数时还可根据情况多空格或不空格对齐，但在函数实现时可以不用对齐；“,”运算符只在其后空一格，需对齐时也可不空格或多空格；对语句行后加的注释应用适当空格与语句隔开并尽可能对齐。

3. 对齐

原则上关系密切的行应对齐，对齐包括类型、修饰、名称、参数等各部分对齐。每一行的长度不应超过屏幕太多，必要时适当换行。尽可能在“,”处或运算符处换行。换行后，最好以运算符开头，并且以下各行均以该语句首行缩进，但该语句仍以首行的缩进为准，例如，其下一行为“{”则应与首行对齐。

4. 空行

程序文件结构各部分之间空两行，若无必要也可只空一行，各函数之间一般空两行。

5. 修改

版本封存后的修改一定要将旧语句用“* *”封闭，不能自行删除或修改，并要在文件及函数的修改记录中增加记录。

6. 形参

在定义函数时，在函数名后面的括号中直接进行形参说明，不再另行说明。

14.2 C语言程序编程规范总结

编程规范总原则包括可行性、可读性、可移植性、健壮性和可测试性。编程规范的内容如下。

（1）1.0 版本程序尽量模块化、文件化。

（2）2.0 版本程序说明包括以下内容。

① 工程说明；

② 模块文件说明；

③ 函数说明；

④ 关键语句、关键算法说明；

⑤ 模块文件之间调用说明。

（3）主函数（主模块）越短越好，主要用来初始化其他模块，以及调用其他模块。

（4）单片机程序的两个原则如下：

① 程序一定是从程序存储器 0000H 开始存放和执行。

汇编语言如下所示：

```
ORG 0000H LJMP MAIN
```

嵌入式 C 语言如下所示：

```
void main (void)   //代表程序从 0000h 开始存放和执行
{
        语句；
}
```

② 程序执行一定是一个死循环。

（5）程序结构包括头文件、主函数和函数（函数结构包括函数声明、子函数和函数调用）。

（6）语句嵌套要缩行。例如：

```
/* * * * * * * *          主函数      * * * * * * * * * * * * * * * * * */
void main(void)
{
    init()；
    LE=1 ；                          //AD 端口,低电平开始转换
    P15=0 ；                         //键盘控制端口
    AD_CS=0 ；                       //AD 片选端口
    while(1)
    {
        Display_time()；             //读取时间
        t=ReadTemperature()；        //读取温度
        Deal()；                     //数据处理
                                     //如果大于报警温度,则报警
        if((n>=kk))
        {
            bee()；
        }
        display(J_shi,J_ge,Wen_s,Wen_g)；//数码管显示
        if(UART_flag= =1)
        {
            UART_flag=0 ；
            put()；                  //调用上位机发送数据函数
```

```
            }
                                                //控制继电器开启,P13 低电平开启
            if(MAC_flag==1)
            {
              liuhan();
            }
        }
}
void SCH_task()
{
    T0_1ms=0 ;                                  //task_num++;
    if(task_num==1)
    {
        task1_tf=1 ;                            //按键扫描
    }
    if(task_num==2)
    {
        task2_tf=1 ;                            //按键处理
    }
    if(task_num==3)
    {
        task3_tf=1 ;                            //加工处理
    }
    if(task_num==4)
    {
        task4_tf=1 ;                            //显示任务
    }
}
```

(7) 一个文件对应一个自定义头文件（头文件中定义该文件用到的函数、变量、数组声明）。

(8) 中断函数禁止调用其他子函数。如果需要调用子函数，则该子函数必须仅在中断中使用。

(9) 变量、函数的名称一定要有特定含义，最好用英文或英文缩写。

(10) 变量、数组、函数和指针等必须首先声明（定义）再应用，并且声明（定义）必须放在一个函数中的最前面，即第一条语句前。例如：

```
void main(void)
{
    uchar code shu[12]=
    {  //0,  1,  2,  3,  4,  5,  6,  7,  8,  9
        0xc0,0xf9,0xa4,0xb0,0x99,0x92,0x82,0xf8,0x80,0x90,0x00,0xff
};//灭,共阳极数码管显示段码
    uchar i,k ;
    uchar display[2]=
    {
        0xff,0xff
    };
```

```
    delay(60000);
    while(1)
    {
        k=key();
        if(k<=0x0f)
        {
            display[0]=k/10 ;           //显示十位
            display[1]=k%10 ;           //显示个位
        }
        for(i=0;i<2;i++)
        {
            P1=(~(0X01<<i))&0Xff ;      //选位码
            P0=shu[display[i]];         //推送段码
            delay(1000);
        }
    }
}
```

(11) 汇编语言全部用大写，嵌入式C语言全部用小写（在嵌入式C语言中大写的变量一般有特定含义，如P0)。

(12) 编写程序时，每一行仅写一条语句，例如：

① uchar a，b;

② a=1;

③ b=2;

(13) 全局变量一般第一个字母大写，局部变量全部小写。

(14) 常量一般要全部大写。

14.3 程序优化

程序优化原则：精简、代码效率高（程序容量小，执行速度快)。程序优化的要求如下：

(1) 常量、数组（固定）最好放在code区。例如，汉字、图形点阵型取模用到什么才取什么，并且一定存放在code区。

(2) 变量、数组、函数、指针类型优化原则是，尽量用位数少的变量；变量能用位型变量，就不用字符型变量；能用字符型变量，就不用整型变量。

(3) 尽量用三维以下数组。

(4) 能用data区就不用idata区。

(5) 要用好中断、定时器，以便提高代码执行速度。

(6) 全局变量尽量少用。

(7) 标准文件库中的函数尽量少用。

(8) 算术运算尽量少用。

(9) 浮点型一般不用。浮点型变量尽量少用。

(10) 程序尽量子函数化。

14.4　项目管理知识

14.4.1　项目定义

项目定义：项目是为完成某一独特产品和服务所做的一次性努力。

项目特点如下所述：

（1）一次性。项目有明确的开始时间和结束时间。当项目目标已经实现，或因项目目标不能实现而项目被终止时，就意味着项目的结束。

（2）独特性。项目所创造的产品或服务与已有的相似产品或服务比较，在某些方面有明显的差别。项目要完成的是以前未曾做过的工作，所以它是独特的。

14.4.2　项目三要素

项目三要素包括时间、质量、成本，如图 14-1 所示。这三个要素相互影响、相互制约。

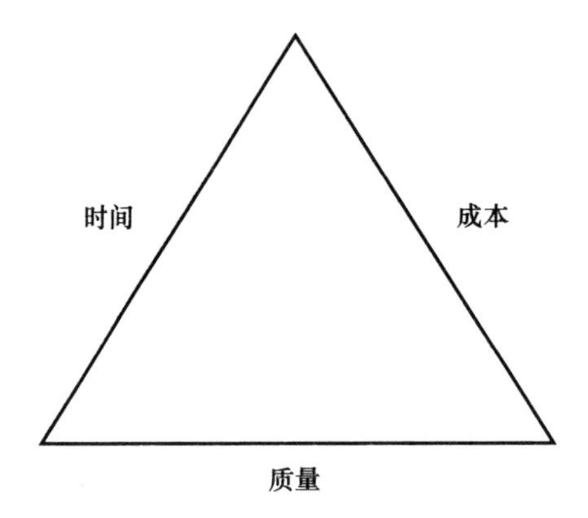

图 14-1　项目三要素

14.4.3　项目过程

项目从开始到结束包括识别需求、提出方案、执行项目、结束项目等四个阶段，如图 14-2 所示。

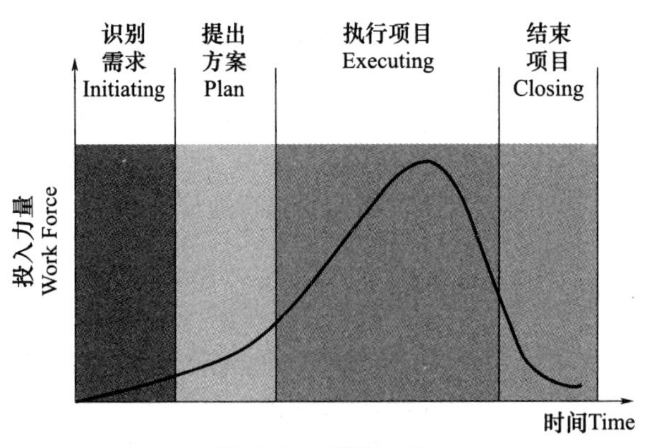

图 14-2　项目过程

14.4.4 项目评估标准

项目评估标准包括以下四项内容。

(1) 用户指定。

(2) 行业标准（国内级别，国际级别）。

(3) 特殊标准（特需项目）。

(4) 同类产品标准（技术含量）。

14.5 电子产品开发流程

本节以一个停车场控制系统讲解电子产品开发流程。

停车场控制系统开发流程如下。

1.0 项目论证、可行性分析

2.0 项目计划书编制

2.1 项目概况

2.1.1 项目名称：未来大厦停车场管理系统设计

2.1.2 项目周期：1个月（2008年9月1日开始，2008年9月30日结束）

2.1.3 项目总投资：3000元

2.1.4 项目交付物：

(1) 样机1～3套（包括功能要求、外观要求、稳定性、安全性、电磁兼容方面要求）

(2) 相关技术资料

2.2 工作分解表（WBS）（图14-3）

工作包 Work Package	工作周期 Timing	所需资源 Resource	质量标准 Quality Standard	责任人 Responsible Person
项目计划书编制、项目控制	40			张三
硬件设计	40			李四
软件设计	40			王五
样机测试	20			正龙
资料管理	10			刘芳

图14-3 工作分解表

2.3 项目进度表（甘特图 Gantt Chart）（图14-4）

	起止时间 9.1-9.10	起止时间 9.11-9.20	起止时间 9.21-9.30
项目计划书编制、项目控制			
硬件设计			
软件设计			
样机测试			
资料管理			

图14-4 项目进度表

3.0　项目实施

3.0.1　原理图设计

3.0.2　PCB设计及打样

3.0.3　软件设计

3.0.4　软硬件调试

3.0.5　样机制作、样机测试

3.0.6　小批量生产、生产作业指导书编制

3.0.7　批量生产

3.0.8　设计修改、完善、技术资料整理、归档

4.0　项目评审：包括成本评审、技术评审、社会效益评审等

5.0　项目结束：包括项目结束后的文档整理和保存、售后服务及跟踪等

15

嵌入式C语言编程常见错误和程序调试

15.1 嵌入式C语言编程常见错误

如果提示工具连接错误，则表示MDK安装程序有问题，需要卸载并全部删除后重新进行安装。

15.2 C语言程序调试常见错误及警告的解决方法

1. 错误

Error C129：missing ‘；’ before ‘void’；

解释：双击之后光标弹到如图15-1所示界面。

解决办法：并不是该函数的前面缺少“；”而是在函数声明时结尾没有加分号。

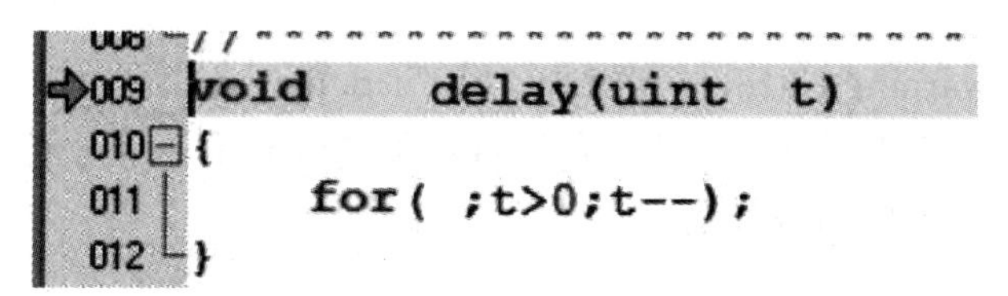

图15-1 C语言程序错误

2. 警告

Waring C235：parameter 3：different types；

解释：参数类型不对，这表明函数的形参类型和声明的函数形参类型不一致。

解决办法：将对应函数的形参类型和声明的形参类型改为一致。

3. 警告

* * * WARNING L16： UNCALLED SEGMENT， IGNORED FOR OVERLAY PROCESS

SEGMENT：？PR？MIAN？KEY

* * * WARNING L10：CANNOT DETERMINE ROOT SEGMENT

解释：缺少main函数，程序员将main编辑成了mian。

解决办法：将 mian 修改为 main。

4. 错误

KEY. C (135)：error C202：'k'：undefined identifier

解释：用户使用前没有对“k”定义。

解决办法：对“k”进行定义。

5. 错误

KEY. C (131)：warning C280：'j'：unreferenced local variable

解释：用户定义了“j”并没有使用“j”，从而浪费了一个地址空间。

解决办法：将“j”删除。

6. 警告

KEY. C (135)：warning C206：'key'：missing function—prototype

解释“key”缺少函数原型，有以下两种可能：

(1) 用户没有编写“key”的函数体；

(2) 用户在模块化编程时没有声明“key”函数。

解决办法：声明“key”函数或编写函数体。

7. 警告

```
* * * WARNING L1：UNRESOLVED EXTERNAL SYMBOL
  SYMBOL：    _IIC_GETS
  MODULE：    mian. obj (MIAN)
```

解释：未添加“_IIC_GETS”，用户在模块化编程时没有将“_IIC_GETS”所在的库添加进来。

解决办法：将“_IIC_GETS”所在的库添加到工程文件。

8. 警告

mian. c (6)：warning C318：can't open file 'iicd. h'

解释：打不开“iicd. h”；用户没有编写或添加“iicd. h”，也可能是名字写错了。

解决办法：添加或编写或修改“iicd. h”。

9. 错误

```
* * * ERROR L104：MULTIPLE PUBLIC DEFINITIONS
  SYMBOL：    _DELAY
  MODULE：    initkey. obj (INITkey)
```

解释：多重定义“_DELAY”；用户可能编写了两个一样的“_DELAY”函数名或在模块化编程时不同的文件内含有相同名称。

解决办法：在“_DELAY”前添加“static”或修改名称。

10. 错误

```
* * * ERROR L104：MULTIPLE PUBLIC DEFINITIONS
  SYMBOL：    SHU
  MODULE：    initkey. obj (INITkey)
```

解释：用户模块化编程时，在“. h”文件声明时，已为这个“SHU”数组赋值。

解决办法：在C语言文件中赋值即可，同时将“. h”中的赋值删除。

11. 警告

INITkey. C (122): warning C209: '_delay': too few actual parameters

解释："Delay"函数中没有传实参。

解决办法：在函数调用时传递合适的实参。

12. 警告

src \ main. c (16): warning: # 177 - D: variable "fu" was declared but never referenced

src \ main. c: char fu;

src \ main. c: ^

src \ main. c: src \ main. c: 1 warning, 0 errors

解释：定义了"char fu"，但是没有使用。

解决办法：删除变量"fu"的定义，或使用变量"fu"。

13. 警告

src \ main. c (248): warning: #951-D: return type of function "main" must be " int"

解释："MDK"的"main"必须是"int"类型的返回值，否则就会报错。

解决办法：将"main"的类型"void"改为"int"。

14. 警告

warning: #1-D: last line of file ends without a newline

解释：文件最后一行不是新的一行，编译器要求程序文件的最后一行必须是空行。

解决办法：可以不理会。若是不想出现该警告，则在出现该警告文件的最后一行按下回车键，空出一行。

15. 警告

warning: C3017W: data may be used before being set

解释：变量"data"在使用前没有明确的赋值。例如：

uint8 i, data; //定义变量 i 和 data，二者都没有明确赋值

解决办法：初始化时赋初值。

16. 警告

warning: # 940 - D: missing return statement at end of non - void function "getchaek"

解释：返回非空的函数"getchaek"后缺少返回值声明。此处应该是"return x;"返回一个"int"类型数据，若没有返回值，则编译器出现警告。

"getchaek"是一个带返回值的函数，但是函数体里面没有"return;"

解决办法：在函数体里面加上"return"，返回一个值给函数。

17. 错误

MIAN. C (28): warning C206: 'iic_Puts': missing function-prototype

MIAN. C (28): error C267: 'iic_Puts': requires ANSI-style prototype

解释：该函数已经定义和声明了，但是使用却出错。P的大写和小写很容易混淆。

解决办法：当大小写不确定时，字母开头统一改为大写。

18. 错误

iic.c（1）：warning C318：can't open file 'iiic.h'

解释：不能打开“iiic.h”。在“.h”文件虽然声明了该头文件但是还是不能使用；模块化“.h”“.c”的命名要一致。添加文件时要添加“.h”的文件名。

解决办法：将“iii.h”修改成为“.h”的文件名相同，或者修改“.h”的文件名。

19. 无警告，无错误

```
for(i=0;i<3;i++)   ;
{
    P0=((0x01<<i))         ;//
```

解释：该情况无警告，无错误，但是数码管就是不显示。其主要原因是用户不理解for语句的格式或不仔细编程。

解决办法：将for后面的“;”删除。

20. 无警告，无错误

```
if( iic_GetAck() )   ;
{
    iic_Stop();
    return 1;
}
```

解释：该情况无警告，无错误，但执行的结果却不正确，此时，用户应注意编程风格。

解决办法：将if后面的“;”删除。

21. 警告

```
if(i=10)
{
```

MAIN1602.C（94）：warning C276：constant in condition expression

解释：语法没有错误，但是表达出错；括号里为赋值表达式，而该表达式永远为真。

解决办法：将‘=’改为‘==’。

22. 错误

MAIN1602.C（74）：error C213：left side of asn—op not an lvalue

解释：左边的数据不是一个有效的数值，数组能够赋值给指针，但是指针不能够赋值给数组。

解决办法：不能使指针赋值给数组，语法错误。

23. 警告或者无警告

```
while(1)  ;
```

解释：裸机程序都要使用while（1）将要执行的内容括起来，但是后面加上了‘;’就表示while（1）管辖的范围是这个分号了。

解决办法：将while（1）后面的“;”删除即可。

24. 无警告无错误

```
uchar p[]="free fly";
p[11]='k';
```

解释：P［ ］的数组长度是9字节，但是此语句是为第11个字节赋值，这明显超过了数组长度，即使没有报错，其使用的结果也不对。

解决办法：增加数组的长度。

25. 错误

```
uchar code s[4];
s[0]++ ;
```

MIAN. C（26）：error C183：unmodifiable lvalue

解释：修饰有误；code区存放的数据只能读不能修改。

解决办法：将code改为data，idata或直接删除。

26. 错误

```
cs1=1;
cs2=1;
uchar x,i;
```

INIT12864. C（73）：error C141：syntax error near 'unsigned'

解释：数据要在函数的一开始就定义。

解决办法：将“uchar x，i;”放在函数体的第一行。

27. 错误

```
void delay(uint t)
```

INIT12864. C（9）：error C100：unprintable character 0xBF skipped

解释：双击错误光标指向该处，但是再仔细看并没有什么错误。

```
void delay(uint t)//
```

通过后面屏蔽就会发现有编译器不能识别的语句，编写时难免出现这样的错误。

解决办法：将语句删除或者屏蔽。

28. 警告

```
#define uint     unsigned int;
```

init12864. c（5）：warning C317：attempt to redefine macro 'uint'

解释：“Define”是宏定义，而不是语句，在而后面无须加上“;”，如果添加了分号，则分号会一起编译和替换

解决办法：将int后面的“;”删除。

15.3 C语言编译器错误信息中文翻译

C语言编译器错误信息中文翻译见表15-1。

表 15-1　C 语言编译器错误信息中文翻译

序号	原文	中文翻译
1	Ambiguous operators need parentheses	不明确的运算需要用括号括起来
2	Ambiguous symbol "xxx"	不明确的符号
3	Argument list syntax error	参数表语法错误
4	Array bounds missing	丢失数组界限符
5	Array size toolarge	数组尺寸太大
6	Bad character in paramenters	参数中有不适当的字符
7	Bad file name format in include directive	包含命令中文件名格式不正确
8	Bad ifdef directive synatax	编译预处理 ifdef 有语法错
9	Bad undef directive syntax	编译预处理 undef 有语法错
10	Bit field too large	位字段太长
11	Call of non—function	调用未定义的函数
12	Call to function with no prototype	调用函数时没有函数的说明
13	Cannot modify a const object	不允许修改常量对象
14	Case outside of switch	漏掉了 case 语句
15	Case syntax error	case 语法错误
16	Code has no effect	代码不可述，不可能执行到
17	Compound statement missing {	分程序漏掉了“{”
18	Conflicting type modifiers	不明确的类型说明符
19	Constant expression required	要求常量表达式
20	Constant out of range in comparison	在比较时常量超出范围
21	Conversion may lose significant digits	转换时会丢失有意义的数字
22	Conversion of near pointer not allowed	不允许转换近指针
23	Could not find file "×××"	找不到×××文件
24	Declaration missing;	说明缺少“;”
25	Declaration syntax error	说明中出现语法错误
26	Default outside of switch	default 出现在 switch 语句之外
27	Define directive needs an Identifier	定义编译预处理需要标识符
28	Division by zero	用零作为除数
29	Do statement must have while	do…while 语句中缺少 while 部分
30	Enum syntax error	枚举类型语法错误
31	Enumeration constant syntax error	枚举常数语法错误
32	Error directive ：xxx	错误的编译预处理命令
33	Error writing output file	写输出文件错误
34	Expression syntax error	表达式语法错误
35	Extra parameter in call	调用时出现多余错误
36	File name too long	文件名太长

续表

序号	原文	中文翻译
37	Function call missing)	函数调用缺少右括号
38	Fuction definition out of place	函数定义位置错误
39	Fuction should return a value	函数必需返回一个值
40	goto statement missing label	goto 语句没有标号
41	Hexadecimal or octal constant too large	十六进制或八进制常数太大
42	Illegal character "×"	非法字符×
43	Illegal initialization	非法的初始化
44	Illegal octal digit	非法的八进制数字
45	Illegal pointer subtraction	非法的指针相减
46	Illegal structure operation	非法的结构体操作
47	Illegal use of floating point	非法的浮点运算
48	Illegal use of pointer	指针使用非法
49	Improper use of a typedefsymbol	类型定义符号使用不恰当
50	In—line assembly not allowed	不允许使用行间汇编
51	Incompatible storage class	存储类别不相容
52	Incompatible type conversion	不相容的类型转换
53	Incorrect number format	错误的数据格式
54	Incorrect use of default	default 使用不当
55	Invalid indirection	无效的间接运算
56	Invalid pointer addition	指针相加无效
57	Irreducible expression tree	无法执行的表达式运算
58	Lvalue required	需要逻辑值为零值或非零值
59	Macro argument syntax error	宏参数语法错误
60	Macro expansion too long	宏扩展后太长
61	Mismatched number of parameters in definition	定义中参数个数不匹配
62	Misplaced break	此处不应出现 break 语句
63	Misplaced continue	此处不应出现 continue 语句
64	Misplaced decimal point	此处不应出现小数点
65	Misplaced elif directive	此处不应编译预处理 elif
66	Misplaced else	此处不应出现 else
67	Misplaced else directive	此处不应出现编译预处理 else
68	Misplaced endif directive	此处不应出现编译预处理 endif
69	Must be addressable	必须是可以编址的
70	Must take address of memory location	必须存储定位的地址
71	No declaration for function "×××"	没有函数×××的说明
72	No type information	没有类型信息

续表

序号	原文	中文翻译
73	Non—portable pointer assignment	不可移动的指针（地址常数）赋值
74	No stack	缺少堆栈
75	Non—portable pointer comparison	不可移动的指针（地址常数）比较
76	Non—portable pointer conversion	不可移动的指针（地址常数）转换
77	Not a valid expression format type	不合法的表达式格式
78	Not an allowed type	不允许使用的类型
79	Numeric constant too large	数值常太大
80	Out of memory	内存不够用
81	Parameter "×××" is never used	数×××没有用到
82	Pointer required on left side of —>	符号"—>"的左侧必须是指针
83	Possible use of "×××" before definition	在定义之前就使用了×××（警告）
84	Possibly incorrect assignment	赋值可能不正确
85	Redeclaration of "×××"	重复定义了×××
86	Redefinition of "×××" is not identical	×××的两次定义不一致
87	Register allocation failure	寄存器定址失败
88	Repeat count needs an lvalue	重复计数需要逻辑值
89	Size of structure or array not known	结构体或数组大小不确定
90	Statement missing ;	语句后缺少";"
91	Structure or union syntax error	结构体或联合体语法错误
92	Structure size too large	结构体尺寸太大
93	Sub scripting missing]	下标缺少右方括号
94	Superfluous & with function or array	函数或数组中有多余的"&"
95	Suspicious pointer conversion	可疑的指针转换
96	Symbol limit exceeded	符号超限
97	Too few parameters in call	函数调用时的实参少于函数的参数
98	Too many default cases	default 太多（switch 语句中一个）
99	Too many error or warning messages	错误或警告信息太多
100	Too many type in declaration	在说明中类型太多
101	Too much auto memory in function	函数用到的局部存储太多
102	Too much global data defined in file	文件中全局数据太多
103	Two consecutive dots	两个连续的句点
104	Type mismatch in parameter ×××	参数×××类型不匹配
105	Type mismatch inredeclaration of "×××"	重定义的×××类型不匹配
106	Unable to create output file "×××"	无法建立输出文件×××
107	Unable to open include file "×××"	无法打开被包含的文件×××
108	Unable to open input file "×××"	无法打开输入文件××× ·

续表

序号	原文	中文翻译
109	Undefined label "×××"	标号×××没有定义
110	Undefined structure "×××"	结构×××没有定义
111	Undefined symbol "×××"	符号×××没有定义
112	Unexpected end of file in comment started on line ×××	从×××行开始的注解尚未结束，文件不能结束
113	Unexpected end of file in conditional started on line ×××	从×××开始的条件语句尚未结束，文件不能结束
114	Unknown assemble instruction	未知的汇编结构
115	Unknown option	未知的操作
116	Unknown preprocessordirective："×××"	无法确认的预处理命令×××
117	Unreachable code	无路可达的代码
118	Unterminated string or character constant	字符串缺少引号
119	Void functions may not return a value	void 类型的函数不应有返回值
120	Wrong number of arguments	调用函数的参数数目错误
121	"×××" not an argument	×××不是参数
122	"×××" not part of structure	×××不是结构体的一部分
123	××× statement missing (	×××语句缺少左括号
124	××× statement missing)	×××语句缺少右括号
125	××× statement missing ;	×××缺少分号
126	××× declared but never used	说明了×××但没有使用
127	××× is assigned a value which is never used	为×××赋值了但未用过
128	Zero length structure	结构体的长度为零
129	user break	用户强行中断了程序

15.4 C 语言编程常见警告原因及处理方法

C 常用警告原因及处理方法如下。

(1) 出现如下问题。

```
compiling delay.c...
compiling key.c...
key.c(62): warning C316: unterminated conditionals
linking...
Program Size: data=12.0 xdata=0 code=544
"2358" - 0 Error(s), 2 Warning(s).
```

解释：

如下语句出错：

```
#ifndef key_h
#ifndef key_h
void key(void);
#endif
```

解决方法：应该修改为如下语句：

```
#ifndef key_h  //如果没有定义,那么
#define key_h  //重新定义
void key(void);
#endif
```

（2）MDK 在编译过程中经常出现提示要保存的对话框。

解决方法：

① 将该文件夹放入英文文件夹下，并且该文件夹名称最好用英文。

② 要将该文件夹的只读属性去掉。

（3）Warning 280：'i'：unreferenced local variable

解释：局部变量 i 在函数中未进行任何的读取操作。

解决方法：消除函数中 i 变量的声明。

（4）Warning 206：'Music3'：missing function－prototype

解释：Music3（ ）函数未进行声明或未进行外部声明，所以无法被其他函数调用。

解决方法：将叙述 void Music3（void）写在程序的最前端作为声明，如果是其他文件的函数则要写为 extern void Music3（void），即作为外部声明。

（5）＊＊＊WARNING 16：UNCALLED SEGMENT，IGNORED FOR OVERLAY PROCESS

SEGMENT：？PR？_DELAYX1MS？DELAY

解释：DelayX1ms（ ）函数未被其他函数调用，也会占用程序记忆体空间。

解决方法：删除 DelayX1ms（ ）函数或利用条件编译"#if …..#endif"可保留该函数但不编译。

（6）＊＊＊WARNING L15：MULTIPLE CALL TO SEGMENT

SEGMENT：？PR？_WRITE_GMVLX1_REG？D_GMVLX1

CALLER1：？PR？VSYNC_INTERRUPT？MAIN

CALLER2：？C_嵌入式 CSTARTUP

＊＊＊WARNING L15：MULTIPLE CALL TO SEGMENT

SEGMENT：？PR？_SPI_SEND_WORD？D_SPI

CALLER1：？PR？VSYNC_INTERRUPT？MAIN

CALLER2：？C_嵌入式 CSTARTUP

＊＊＊WARNING L15：MULTIPLE CALL TO SEGMENT

SEGMENT：？PR？SPI_RECEIVE_WORD？D_SPI

CALLER1：？PR？VSYNC_INTERRUPT？MAIN

CALLER2：？C_嵌入式 CSTARTUP

该警告表示连接器发现有一个函数可能会被主函数和一个中断服务程序（或者调用

中断服务程序的函数）同时调用，或者同时被多个中断服务程序调用。

出现这种问题有如下两个原因：

（1）这个函数是不可重入型数。当该函数运行时，它可能会被一个中断打断，从而使其结果发生变化，并可能会引起一些变量形式的冲突（即引起函数内一些数据的丢失，可重入型函数在任何时候都可以被ISR打断，一段时间后又可以运行，但是相应数据不会丢失）。

（2）用于局部变量和变量［暂且这样翻译，arguments（自变量，变元一数值，用于确定程序或子程序的值）］的内存区被其他函数的内存区所覆盖，如果该函数被中断，则它的内存区就会被使用，这将导致其他函数的内存冲突。例如，第一个警告中函数WRITE_GMVLX1_REG在D_GMVLX1.C或者D_GMVLX1.A51被定义，它被一个中断服务程序或者一个调用了中断服务程序的函数调用了，调用它的函数在VSYNC_ INTERRUPT，在MAIN.C中。

解决方法：如果确定两个函数决不会在同一时间执行（该函数被主程序调用并且中断被禁止），并且该函数不占用内存（假设只使用寄存器），则可以完全忽略这种警告。

如果该函数占用了内存，则应该使用连接器（linker）OVERLAY指令将函数从覆盖分析（overlay analysis）中删除。例如：

OVERLAY（？PR？ _WRITE_GMVLX1_REG？D_GMVLX1！＊）

该指令防止了函数使用的内存区被其他函数覆盖。如果该函数中调用了其他函数，而这些调用在程序中的其他地方也会被调用，因此可能需要将这些函数排除在覆盖分析（overlay analysis）之外。这种OVERLAY指令能够使编译器不出现上述警告信息。

如果函数可以在其执行时被调用，则情况会变得更复杂。这时，可以采用以下几种方法：

① 主程序调用该函数时禁止中断，可以在该函数被调用时用“＃pragma disable”语句来实现禁止中断的目的。

② 必须使用OVERLAY指令将该函数从覆盖分析中除去。

③ 复制两份该函数的代码，一份复制到主程序中，另一份复制到中断服务程序中。

④ 将该函数设为重入型。例如：

```
void myfunc(void) reentrant
{
...
}
```

这种设置将会产生一个可重入堆栈，该堆栈被应用于存储函数值和局部变量。用这种方法时重入堆栈必须在“STARTUP.A51”文件中配置。但是，这种方法消耗更多的RAM，并会降低重入函数的执行速度。

附录 A Microsoft Visual C++ 6.0 软件使用介绍

A.1 工程（Project）及工程工作区（Project Workspace）

在开始编程之前，必须首先了解工程 Project（又称为“项目”或“工程项目”）的概念。工程又称为项目，它具有两种含义：一种是指最终生成的应用程序；另一种则是为了创建这个应用程序所需的全部文件的集合，包括各种源程序、资源文件和文档等。绝大多数较新的开发工具都利用工程对软件开发过程进行管理。

用 VC 6.0 编写并处理的任何程序都与工程有关（都要创建一个与其相关的工程），而每一个工程又总是与一个工程工作区关联。工作区是对工程概念的扩展。一个工程的目标是生成一个应用程序，但很多大型软件往往需要同时开发数个应用程序，VC 6.0 开发环境允许用户在一个工作区内添加数个工程，其中有一个是活动的（默认的），每个工程都可以独立地进行编译、链接和调试。

实际上，VC 6.0 是通过工程工作区来组织工程及其各相关元素的，就好像是一个工作间（对应于一个独立的文件夹，或称子目录），后面程序中的所有文件、资源等元素都将放入到这一工作间中，从而使得各个工程之间互不干扰，使编程工作更有条理、更具模块化。在最简单情况下，每个工作区中用来存放一个工程，代表着某一个要进行处理的程序（本书首先学习这种用法）。但如果有需要，每一个工作区中也可以用来存放多个工程，其中可以包含该工程的子工程或者与其有依赖关系的其他工程。

由此可以看出，工程工作区就像是一个“容器”，由它来“盛放”相关工程的所有相关信息，当创建新工程时，同时要创建这样一个工程工作区，然后再通过该工作区窗口来观察与存取此工程的各种元素及其相关信息。创建工程工作区之后，系统将创建出一个相应的工作区文件（.dsw），用来存放与该工作区相关的信息；另外，还将创建出的其他几个相关文件包括工程文件（.dsp）及选择信息文件（.opt）等。

编制并处理 C++程序时要创建工程，VC 6.0 已经预先为用户准备好了近 20 种不同的工程类型以供选择，选定不同的类型意味着让 VC 6.0 系统帮着提前做某些不同的准备及初始化工作（例如，事先为用户自动生成一个所谓的底层程序框架又称为框架程序，并进行某些隐含设置，如隐含位置、预定义常量、输出结果类型等）。工程类型中，其中有一个是“Win32 Console Application”，它是程序员首先要掌握的、用来编制运行 C++程序方法中最简单的一种。此种类型的程序运行时，将出现并使用一个类似于

DOS 的窗口，以提供对字符模式的各种处理与支持。实际上，它提供的只是严格地采用光标而不是鼠标移动的界面。此种类型的工程小巧而简单，但已足以解决并支持本课程涉及的所有编程内容与技术，使程序员可以把重点放在程序编制而并非界面处理等方面，至于 VC 6.0 支持的其他工程类型（其中有许多还将涉及 Windows 或其他的编程技术与知识），则需在今后的不断学习中逐渐了解、掌握与使用。

A.2　启动并进入 VC 6.0 的集成开发环境

若桌面上有 VC 6.0 快捷方式图标（图 A-1），则用鼠标双击该图标启动并运行 VC 6.0，进入到它的集成开发环境窗口（假设在 Windows 系统下已经安装了 VC 6.0），其具体窗口式样，如图 A-2 所示。

图 A-1　VC 6.0 在桌面上的快捷方式图标

图 A-2 所示的窗口大体上可分为四部分。上部：菜单和工具条；中左：工作区（Workspace）视图显示窗口，这里将显示处理过程中与项目相关的各种文件种类等信息；中右：文档内容区，是显示和编辑程序文件的操作区；下部：输出（Output）窗口区，程序调试过程中进行编译、链接、运行时输出的相关信息将在此处显示。

注意，由于系统的初始设置或者环境的某些不同，启动的 VC 6.0 初始窗口样式可能与图 A-2 所示有所不同，也许不会出现 Workspace 窗口或 Output 窗口，这时可通过“View”→“Workspace”菜单选项的执行使中左处的工作区窗口显现出来；而通过“View”→“Output”菜单选项的执行，又可使下部的输出区窗口得以显现。当然，如果不想看到这两个窗口，则可以单击相应窗口的⊠按键关闭窗口。

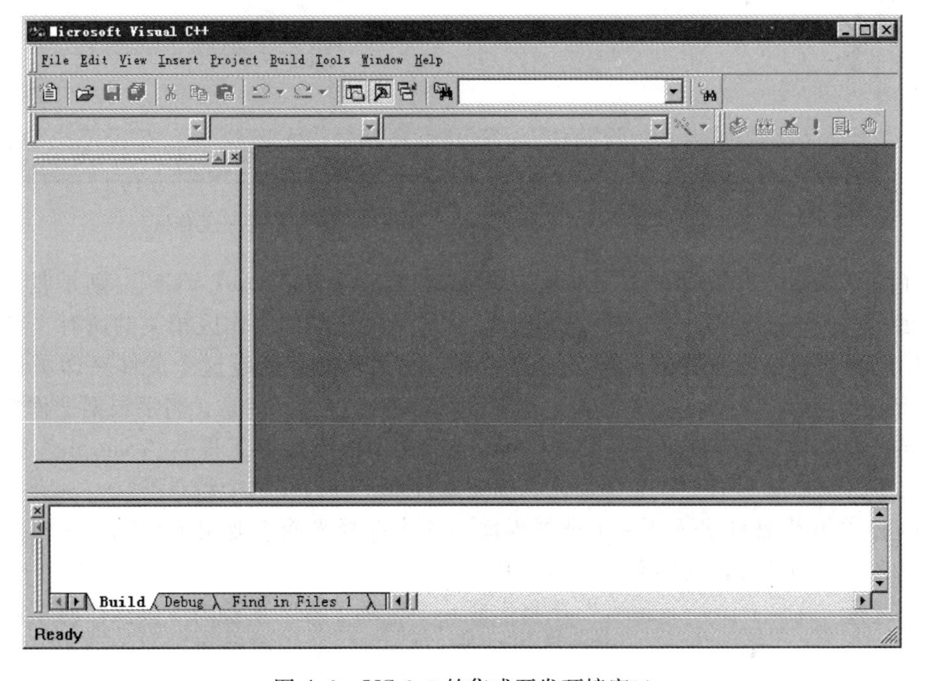

图 A-2　VC 6.0 的集成开发环境窗口

A.3 创建工程并输入源程序代码

为了输入程序代码并存入计算机，则需要使用 VC 6.0 的编辑器来完成。如前所述，首先要创建工程及工程工作区，然后才能输入具体程序以完成所谓的“编辑”工作（注意，该步工作在 4 个步骤中最复杂，且又必须细致地由人工来完成!)。

(1) 新建一个 Win32 Console Application 工程。

选择菜单“File”下的“New”项，将出现一个选择界面，在属性页中选择“Projects”选项卡后，可看到近 20 种的工程类型，只需选择其中最简单的一种—“Win32 Console Application”，向右上处的“Location”文本框和“Project name”文本框中填入工程相关信息所存放的磁盘位置（目录或文件夹位置）及工程的名字，此时的界面信息如图 A-3 所示。

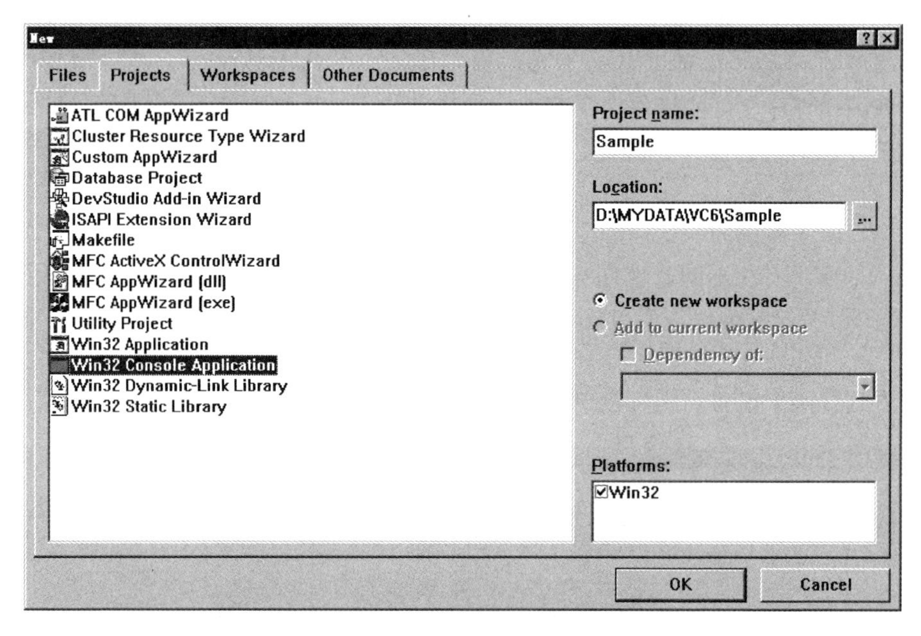

图 A-3 新建一个名为 Sample 的工程（同时自动创建一工作区）

在图 A-3 中，“Location”文本框中填入如“D：\ myData \ VC6”，则是假设准备在 D 磁盘的 \ myData \ VC6 文件夹即子目录下存放与工程工作区相关的所有文件及其相关信息，当然也可通过单击其右部的“…”按钮选择并指定这个文件夹即子目录位置。“Project name”文本框中填入如“Sample”的工程名（注意，名字根据工程性质确定，此时 VC 6.0 会自动在其下的“Location”文本框中用该工程名“Sample”建立一个同名子目录，随后的工程文件及其他相关文件都将存放在这个目录下）。

单击“OK”按钮进入下一个选择界面。这个选择界面主要用于询问用户想要构成一个什么类型的工程，其界面如图 A-4 所示。

若选择“An empty project.”项将生成一个空的工程，工程内不包括任何东西。若选择“A simple application.”项将生成包含一个空的 main 函数和一个空的头文件的工程。选择“A" Hello World!" application.”项，则与选“A simple application.”项没有什么本质的区别，只是需要包含有显示出“Hello World!”字符串的输出语句。若选择“An application that supports MFC.”项，则可以利用 VC 6.0 所提供的类库进行编程。

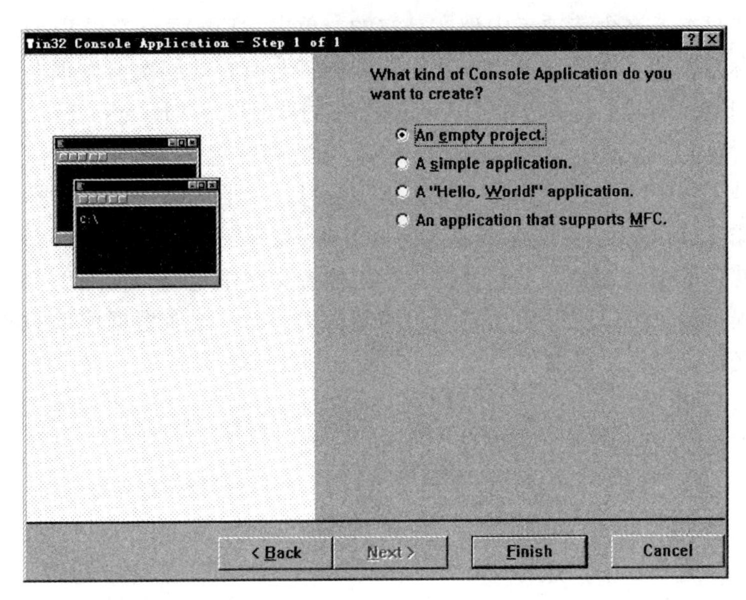

图 A-4　选择创建一个什么样的工程

为了更清楚地看到编程的各个环节，则可选择“An empty project.”项，从一个空的工程开始工作。单击“Finish”按钮，这时 VC 6.0 会生成一个小型报告，报告的内容是刚才所有选择项的总结，并且询问程序员是否接受这些设置。如果接受则选择“OK”按钮，否则选择“Cancel”按钮。选择“OK”按钮即可进入到真正的编程环境中。集成开发环境窗口界面如图 A-5 所示。

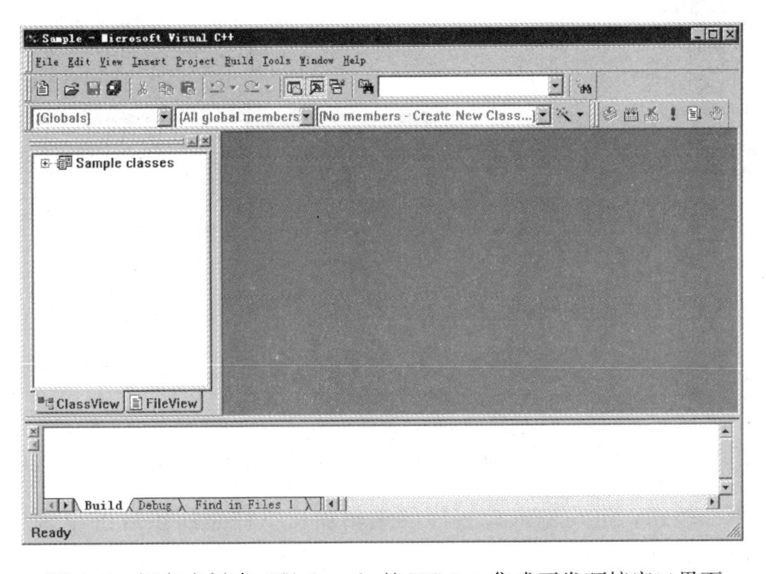

图 A-5　新完成创建工程 Sample 的 VC 6.0 集成开发环境窗口界面

(2) 在工作区窗口中查看工程的逻辑架构。

注意屏幕中的“Workspace”窗口中有两个选项卡，一个是“ClassView”，另一个是“FileView”。“ClassView”中列出的是这个工程中所包含的所有类的相关信息，目前程序将不涉及类，这个选项卡中现在是空的。单击“FileView”选项卡后，将看到这个工程所包含的所有文件信息。单击“+”图标打开所有的层次会发现有三个逻辑文件夹：“Source Files”文件夹中包含了工程中所有的源文件；“Header Files”文件夹中包含了工程中所有的头文件；“Resource Files”文件夹中包含了工程中所有的资源文件。所谓资源就是工程中所用到的位图、加速键等信息，目前的编程过程中不会涉及这一部分内容。因此，“FileView”中也不包含任何东西。

逻辑文件夹是逻辑上的，它们只在工程的配置文件中定义，在磁盘上并不存在这三个文件夹。程序员也可以删除自己不使用的逻辑文件夹，或者根据项目的需要，创建新的逻辑文件夹，以组织工程文件。这三个逻辑文件夹是 VC 预先定义的，就编写简单的单一源文件的 C 语言程序而言，只需使用“Source Files”一个文件夹就够了。

(3) 在工程中新建 C 语言源程序文件并输入源程序代码。

下面生成一个“Hello. cpp”的源程序文件，然后通过编辑界面输入所需的源程序代码。选择菜单“Project”中子菜单“Add To Project”下的“new”项，在出现的对话框的“Files”选项卡中，选择“C++ Source File”项，在右中处的“File”文本框中为将要生成的文件取一个名字，本书取名为“Hello”(其他遵照系统隐含设置，此时系统将使用 Hello. cpp 的文件来保存所键入的源程序)，此时的界面情况如图 A-6 所示。

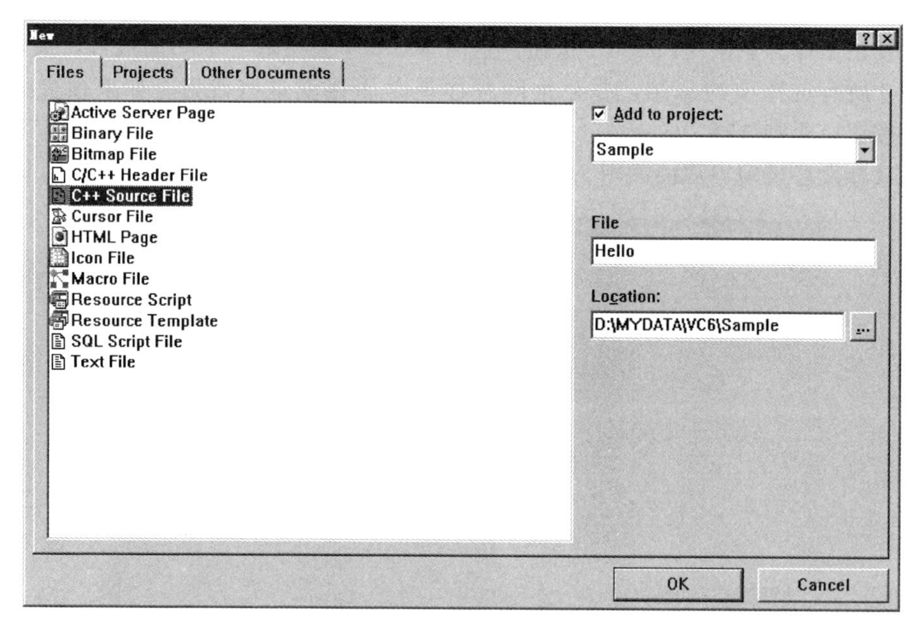

图 A-6 选择在工程 Sample 中新建一名为 Hello. cpp 的 C 语言源程序文件

单击“OK”按钮，进入输入源程序的编辑窗口(注意所出现的呈现“闪烁”状态的输入位置光标)，此时只需通过键盘输入需要的源程序代码，如下所示：

```
#include <stdio.h>
```

```
void main()
{
    printf("Hello World! \\n");
}
```

通过选择“Workspace”窗口中的“FileView”选项卡看到“Source Files”文件夹下文件“Hello.cpp”已经被加了进去，此时的界面情况如图 A-7 所示。

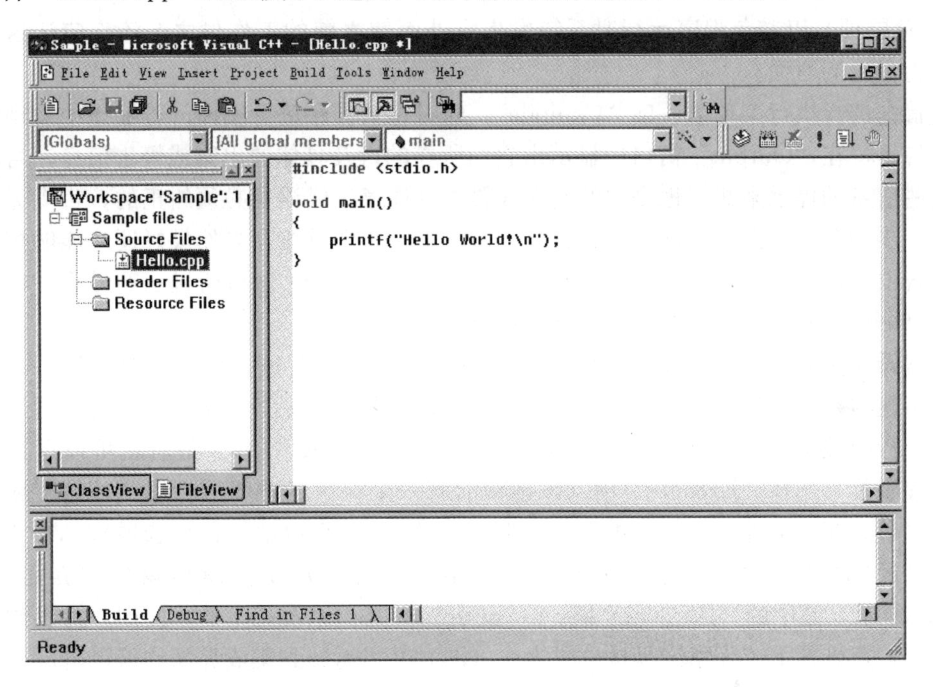

图 A-7 在 Hello.cpp 输入 C 语言源程序代码

实际上，这时在“Workspace”窗口的“ClassView”选项卡中的“Globals”文件夹下，也可以看到新键入的“main”函数。

A.4 不创建工程，直接输入源程序代码

不需要像本书前面描述的那样显式地创新一个工程，新编写一个程序时只需在如图 A-3所示的界面中，选“Files”选项卡，再选择“C++ Source File”，其界面与图 A-6所示相似（仅 Add to projec 是暗淡的、无法选择），后续操作则与前述方法相同。

最简单的做法是：直接使用工具栏上的新建文件按钮新建一个空白文件，单击工具栏上的保存按钮保存此空文件。注意，保存时一定要以“.c”或“.cpp”作为扩展名，否则逻辑程序时自动格式化和特殊显示等很多属性将无法使用，程序无法运行。

这种方式新建的 C 语言源程序文件在编译时会提示用户，要求允许系统为其新创建一个默认的工程（含相应的工作区）。

A.5 编译、链接后运行程序

程序编制完成（即所谓“四步曲”中第一步的编辑工作完成）后就可以进行后面三步的编译、链接与运行了。所有后三步的命令项都处在菜单“Build”之中。注意，在对程序进行编译、链接和运行前，最好首先保存自己的工程（使用“File”→“Save All”菜单项）以避免程序运行时系统发生意外而使之前的工作付之东流，应让这种做法成为自己的习惯。

首先选择执行菜单第一项“Compile”，此时将对程序进行编译。若编译中发现错误或警告，将在“Output”窗口中显示出它们所在的行及具体的出错或警告信息，可以通过这些信息的提示来纠正程序中的错误或警告（注意，错误是必须纠正的，否则无法进行下一步的链接；而警告则不然，它并不影响下一步的链接，当然最好还是能够把所有的警告也“消灭”掉）。当没有错误与警告出现时，Output 窗口所显示的最后一行应该是：“Hello. obj－0 error（s），0warning（s）”。

编译通过后，可以选择菜单中的第二项“Build”进行链接生成可执行程序。在链接中出现的错误也将显示到“Output”窗口中。链接成功后，“Output”窗口所显示的最后一行应该是：“Sample. exe－0 error（s），0 warning（s）”。最后就可以运行（执行）程序了，选择“Execute”项（该选项前有一个深色的感叹号标志“!”，实际上也可通过单击窗口上部工具栏中的深色感叹号标志“!”来启动执行该选项），VC 6.0 将运行已经编好的程序，执行后将出现一个结果界面（类似于 DOS 窗口的界面），如图 A-8所示，其中的“Press any key to continue”是由系统产生的，使用户可以浏览输出结果，直到按下了任意键盘按键时为止（那时又将返回到集成界面的编辑窗口）。

图 A-8　程序 Hello. cpp 的运行结果界面

至此，已经生成并运行（执行）了一个完整的程序，完成了一个“回合”的编程任务。此时应执行“File”→“Close Workspace”菜单项，待系统询问是否关闭所有的相关窗口时，回答“是”即可结束一个程序从输入到执行的全过程，回到上一步启动 VC 6.0 的那一个初始画面。

A.6　VC 6.0 常见快捷键操作

VC 6.0 常见快捷键操作及意义见表 A-9。

表 A-9　VC 6.0 常见快捷键操作及意义

快捷键	操作意义
MS+M	最小化所有窗口/复原窗口
Alt+F4	关闭当前应用程序
Ctrl+F4	关闭应用程序的当前子窗口
Alt+Tab	应用程序间的窗口切换
Ctrl+Tab	应用程序内部子窗口间切换
Ctrl+Z	撤消上一次操作
Ctrl+Y	撤消 Ctrl+Z 操作
Ctrl+X	剪切
Ctrl+C	复制
Ctrl+V	粘贴
Ctrl+S	保存文本
Ctrl+A	选择所有文本
Ctrl+F	在当前窗口查找文本
Ctrl+H	在当前窗口替换文本
Ctrl+G	定位到指定的行
::	列出系统 API 函数
Ctrl+Shift+Space	列出函数的参数信息
Alt+0	显示 Workspace 工作区窗口
Alt+2	显示输出窗口
Alt+3	显示变量观察窗口
Alt+4	显示变量自动查看窗口
Alt+5	显示寄存器查看窗口
Alt+6	显示内存窗口
Alt+7	显示堆栈窗口
Alt+8	显示汇编窗口
F7	编译整个项目
Ctrl+F7	编译当前的原文件
F5	调试运行

续表

快捷键	操作意义
Ctrl+F5	非调试运行，直接执行生成的 EXE 文件
Shift+F5	结束运行
F9	设调试断点
F10	单步调试，不进入函数体内部
F11	单步调试，进入函数体内部
Shift+F11	运行至当前函数体外部
Home	将光标移至当前行的头部
End	将光标移动至当前行的末尾
PageUp	向上翻页
PageDown	向下翻页
Shift+箭头键	选定指定的文本
Shift+Home	选定光标所在行的前面部分文本
Shift+End	选定光标所在行的后面部分文本
Shift+PageUp	选定上一页文本
Shift+PageDown	选定下一页文本
Ctrl+左箭头	光标按单词向左跳
Ctrl+右箭头	光标按单词向右跳
Tab	将选定文本缩进
Shift+Tab	将选定文本反缩进
Alt+F8	格式化选定的文本

附录 B 嵌入式 C 语言关键字

嵌入式 C 语言关键字的用途和说明见表 B-1。

表 B-1 嵌入式 C 语言关键字及其用途和说明

关键字	用途	说明
auto	存储种类说明	用以说明局部变量，默认值
break	程序语句	退出最内层循环
case	程序语句	switch 语句中的选择项
char	数据类型说明	单字节整型数或字符型数据
const	存储类型说明	在程序执行过程中不可更改的常量值
continue	程序语句	转向下一次循环
default	程序语句	switch 语句中的失败选择项
do	程序语句	构成 do…while 循环结构
double	数据类型说明	双精度浮点数
else	程序语句	构成 if…else 选择结构
enum	数据类型说明	枚举
extern	存储种类说明	在其他程序模块中说明了的全局变量
flost	数据类型说明	单精度浮点数
for	程序语句	构成 for 循环结构
goto	程序语句	构成 goto 转移结构
if	程序语句	构成 if…else 选择结构
int	数据类型说明	基本整型数
long	数据类型说明	长整型数
register	存储种类说明	使用 CPU 内部寄存的变量
return	程序语句	函数返回
short	数据类型说明	短整型数
signed	数据类型说明	有符号数，二进制数据的最高位为符号位
sizeof	运算符	计算表达式或数据类型的字节数
static	存储种类说明	静态变量
struct	数据类型说明	结构类型数据
switch	程序语句	构成 switch 选择结构
typedef	数据类型说明	重新进行数据类型定义

续表

关键字	用途	说明
union	数据类型说明	联合类型数据
unsigned	数据类型说明	无符号数数据
void	数据类型说明	无类型数据
volatile	数据类型说明	该变量在程序执行中可被隐含地改变
while	程序语句	构成 while 和 do…while 循环结构

编译器的扩展关键字见表 B-2（与编译器有关，如标准 C 语言编译器不支持，KEILC 嵌入式 C 语言支持）。

表 B-2　编译器的扩展关键字的用途及说明

关键字	用途	说明
bit	位标量声明	声明一个位标量或位类型的函数
sbit	位标量声明	声明一个可位寻址变量
Sfr	特殊功能寄存器声明	声明一个特殊功能寄存器
Sfr16	特殊功能寄存器声明	声明一个 16 位的特殊功能寄存器
data	存储器类型说明	直接寻址的内部数据存储器
bdata	存储器类型说明	可位寻址的内部数据存储器
idata	存储器类型说明	间接寻址的内部数据存储器
pdata	存储器类型说明	分页寻址的外部数据存储器
xdata	存储器类型说明	外部数据存储器
code	存储器类型说明	程序存储器
interrupt	中断函数说明	定义一个中断函数
reentrant	再入函数说明	定义一个再入函数
using	寄存器组定义	定义芯片的工作寄存器

嵌入式 C 语言中的特殊符号及说明见表 B-3。

表 B-3　嵌入式 C 语言中的特殊符号及说明

符号	说明
算术运算符号	
＋	加法运算符，或正值符号
－	减法运算符，或负值符号
*	乘法运算符
/	除法运算符
%	模（求余）运算符，如 5%3 结果得 2
关系运算	
＜	小于
＞	大于

续表

符号	说明
关系运算	
<=	小于或等于
>=	大于或等于
= =	等于
! =	不等于
逻辑运算	
&&	逻辑与
| |	逻辑或
!	逻辑非
位运算	
&	按位与
|	按位或
^	按位异或
~	按位取反
<<	位左移
>>	位右移
自增减运算	
++i	在使用 i 之前，先使 i 值加 1
--i	在使用 i 之前，先使 i 值减 1
i++	在使用 i 之后，再使 i 值加 1
i--	在使用 i 之后，再使 i 减减 1

嵌入式 C 语言复合运算（不建议使用）及说明见表 B-4。

表 B-4　嵌入式 C 语言复合运算及说明

符号	说明	符号	说明	符号	说明
(+=)	加法赋值	%=	取模赋值	|=	逻辑或赋值
(-=)	减法赋值	<<=	左移赋值	^=	逻辑异或赋值
(*=)	乘发赋值	>>=	右移赋值	~=	逻辑非赋值
/=	除法赋值	&=	逻辑与赋值		

附录 C 常用字符与 ASCII 代码对照

常用字符与 ASCII 代码对照见表 C-1。

表 C-1 常用字符与 ASCII 代码对照表

ASCII 值	控制字符	ASCII 值	控制字符	ASCII 值	控制字符	ASCII 值	控制字符
0	NUT	24	CAN	48	0	72	H
1	SOH	25	EM	49	1	73	I
2	STX	26	SUB	50	2	74	J
3	ETX	27	ESC	51	3	75	K
4	EOT	28	FS	52	4	76	L
5	ENQ	29	GS	53	5	77	M
6	ACK	30	RS	54	6	78	N
7	BEL	31	US	55	7	79	O
8	BS	32	(space)	56	8	80	P
9	HT	33	!	57	9	81	Q
10	LF	34	”	58	：	82	R
11	VT	35	#	59	；	83	X
12	FF	36	$	60	<	84	T
13	CR	37	%	61	=	85	U
14	SO	38	&	62	>	86	V
15	SI	39	,	63	?	87	W
16	DLE	40	（	64	@	88	X
17	DCI	41	）	65	A	89	Y
18	DC2	42	*	66	B	90	Z
19	DC3	43	+	67	C	91	[
20	DC4	44	,	68	D	92	/
21	NAK	45	—	69	E	93	]
22	SYN	46	.	70	F	94	ˆ
23	TB	47	/	71	G	95	—

续表

ASCII值	控制字符	ASCII值	控制字符	ASCII值	控制字符	ASCII值	控制字符
96	、	104	h	112	p	120	x
97	a	105	i	113	q	121	y
98	b	106	j	114	r	122	z
99	c	107	k	115	s	123	{
100	d	108	l	116	t	124	|
101	e	109	m	117	u	125	}
102	f	110	n	118	v	126	～
103	g	111	o	119	w	127	DEL